普通高等院校环境工程类专业“十四五”精品教材

水污染控制工程实践教程

主　编◎胡金朝　曹　芮
副主编◎余　虹　林建华　唐凤君
　　　　吴丰祥　刘　勇　魏万玉

西南交通大学出版社
·成　都·

图书在版编目（CIP）数据

水污染控制工程实践教程 / 胡金朝，曹芮主编. —
成都：西南交通大学出版社，2023.3
普通高等院校环境工程类专业“十四五”精品教材
ISBN 978-7-5643-8764-8

Ⅰ. ①水… Ⅱ. ①胡… ②曹… Ⅲ. ①水污染－污染控制－高等学校－教材 Ⅳ. ①X520.6

中国版本图书馆 CIP 数据核字（2022）第 181828 号

普通高等院校环境工程类专业“十四五”精品教材

Shuiwuran Kongzhi Gongcheng Shijian Jiaocheng

水污染控制工程实践教程

主编 胡金朝 曹 芮

责任编辑 陈 斌
封面设计 GT 工作室

出版发行 西南交通大学出版社
（四川省成都市金牛区二环路北一段 111 号
西南交通大学创新大厦 21 楼）
邮政编码 610031
发行部电话 028-87600564 028-87600533
网址 http://www.xnjdcbs.com
印刷 四川森林印务有限责任公司

成品尺寸 185 mm × 260 mm
印张 11.75
字数 266 千
版次 2023 年 3 月第 1 版
印次 2023 年 3 月第 1 次
书号 ISBN 978-7-5643-8764-8
定价 36.00 元

课件咨询电话：028-81435775
图书如有印装质量问题 本社负责退换

前　言

PREFACE

工科专业教学过程中，实践技能的培养是非常重要的一项内容，水污染控制工程实验、实训、课程设计是环境工程专业水污染控制工程、水污染控制工程方向实践课程的核心内容。实验是水污染控制工程专业理论和原理在工业领域的具体实施和理论概念的具体化，侧重验证性、研究性实践。实训是利用专业理论和原理针对具体工程案例进行分析、讨论并进行方案优化研究，侧重分析实际工程问题、解决工程问题。课程设计是将专业理论和原理应用于工程设计，注重培养学生理论联系实际的能力以及工程设计计算能力，课程设计对培养创新能力强、适应经济社会发展需要的各种类型的高质量工程技术人才起着重要的作用。

本书旨在根据高校本科人才培养过程中水污染控制工程实验、实训、课程设计的课程时间前后和相互逻辑关系，结合多年本科水污染控制工程实践教学经验，精选部分水污染控制工程实验内容、部分企业（自来水厂、城市生活污水厂、人工湿地、啤酒厂、采矿场、冶炼厂）水处理工艺优化实训、污水处理厂课程设计指导编辑成册，方便学生利用一本书贯通水处理实践练习；结合思政元素的融入，使学生更好地掌握所学水污染控制工程的理论知识和实践技能，了解防治水体污染及中水回用的工艺技术，加深学生对水污染控制工程的基本概念和原理的理解与掌握，学会各类污水处理反应器的操作运行，掌握工艺流程选择和设计计算，学会设计说明书的编写及构筑物 CAD 图纸绘制，提高学生的工程实践能力。本书可作为高等院校环境工程及相关专业教师和学生进行水污染控制工程实验、实训、课程设计时所用的教材或参考书，也可供从事环境保护工作的工程技术人员参考。

本书由西昌学院胡金朝、曹芮担任主编，西昌学院余虹教授以及西昌市供排水总公司林建华，重钢西昌矿业有限公司吴丰祥，攀钢集团西昌钢钒有限公司唐凤君、魏万玉，华润雪花啤酒（四川）责任有限公司广安分公司刘勇担任副主编。其中第一章由胡金朝编写；第二章、第四章由曹芮编写；第三章第一、二节由林建华编写，第三节由吴丰祥编写，第四节由唐凤君、魏万玉编写，第五节由刘勇编写，第六节由曹芮编写；第五章第一节、第二节、第三节由胡金朝编写，第四节、第五节以及附录由曹芮编写。余虹教授负责全书思政元素的融入，胡金朝教授审阅了全书。

由于编者水平有限，加之时间仓促，书中不妥之处在所难免，敬请读者批评指正。

编　者

2022 年 12 月

目　录

CONTENTS

第一章 绪 论

第一节 水污染控制工程基本知识体系

水污染控制工程是一门综合性很强的课程，包含环境工程和环境科学之间的很多交叉内容，而且与其他学科在内容上也有很多交叉，自身知识体系十分庞大，涉及应用领域广泛，其实践教学在理论知识的掌握和综合运用中起着至关重要的作用。本书着眼于培养学生的基本操作技能，了解从事环境保护活动必需的工程技术、经济和法律法规等方面的知识基础和能力基础，提高创新创业能力和工程实践能力。本书包含水污染控制工程实验、实训、工程案例及课程设计等，基本涵盖了水污染控制工程的各个实践教学环节。

第二节 水污染控制工程实践的目的和意义

一、水污染控制工程实践的目的

（1）在环境监测实验课程中掌握各项水质指标的检测方法的基础上，结合实际水污染控制的工艺过程，通过水污染控制实验操作，增强学生对水污染控制工程的基本概念和基本原理的理解和掌握，提高学生利用环境检测方法分析和解决实际问题的动手能力。

（2）通过水污染控制工程实训，学生能熟悉大型水污染控制工程的运行管理方法，提高从事水污染控制工程的综合素质。充分调动学生下厂参加生产实践活动的能动性，使学生把学过的理论知识与工厂实践有机结合起来，巩固和丰富有关环境工程专业理论知识，综合培养和训练学生的公关能力、观察分析和解决生产中实际问题的独立工作能力及生产经营管理的能力，锻炼和培养学生良好的品德和严守纪律的作风。同时让学生针对实际工艺存在的问题提出优化方案，培养创新创业意识，提高发现问题、分析问题、进而解决实际问题的能力，提高整体教育教学水平与质量。

（3）水污染控制工程案例，能让学生贯通水污染控制工程理论知识，通过参观自来水处理工艺、生活污水处理工艺、采矿废水处理工艺、冶炼废水处理工艺、食品加工废水处理工艺等几类典型水质净化工艺，学生进一步巩固课堂关于废水处理工艺方面所学的理论知识，提高对污水、废水处理的实际操作运行管理的能力，了解实际水污染控制工程中污水净化工艺的适用性、处理效率、处理注意事项。

（4）水污染控制工程课程设计，能培养学生运用工程科学的知识，研究和开发水环境领域污染控制的方法，为社会发展和生态保护提供符合要求的水质；使学生掌握常见构筑物的初步设计法律法规、技术规范、计算设计方法，掌握平面图、高程图、主要单体构筑物的初步绘制方法，掌握设计说明书的编写规范。课程能力目标：让学生具有认识、分析和解决环境保护实际问题的技能；具有在水处理工程相关设计、运营维护、管理方面行业的创新和实践技能；使学生具有适应水污染控制工程相关设计、运营维护、管理方面的心理素质以及良好的爱岗敬业精神和职业道德，培养学生的团结协作精神，为学生将来从事的工作打下良好的工程设计基础。

二、水污染控制工程实践的意义

"水污染控制工程"是环境工程专业的重要主干课程之一，具有概念多、教学重点难点多、工艺参数与各类标准规范多、构筑物图纸和机械设备图多、工艺流程和工程计算多等特点。水污染控制工程实践教学不仅是理论教学的巩固和深化，而且是培养学生工程基础知识、创新创业能力、人际团队能力和工程系统能力的重要手段。为我国环境保护领域输送合格的人才，离不开全面、系统、科学的实践教学环节。为更好地使学生理解所学理论知识并综合运用，践行工程教育模式，培养学生工程基础知识、创新创业能力、人际团队能力和工程系统能力，水污染控制工程的实践教学环节就显得尤为重要。

第三节 水污染控制工程实践的特点

尽管实践教学环节系统全面，但在具体内容和能力侧重方面明显不同，例如基础实验内容侧重实际动手能力的培养，综合实验侧重各类污水处理反应器的操控能力提升，创新实验侧重发现问题、分析问题、进而解决实际问题能力的挖掘，课程设计环节注重初步工程设计概念的形成，生产实习则强调提高从事水污染控制工程的综合素质，毕业设计主要提高工程系统能力。可见，实践教学环节的内容设置既层次分明，又协调一致。

第二章 水污染控制工程实验

第一节 实验目的及任务

从水污染控制工程实际出发，通过实验研究，可以解决以下问题：

（1）可以观察、发现有关水环境污染的科学现象，并通过研究和掌握水环境污染物在水体以及污水和废水中的稀释、扩散、迁移、转化、降解、吸附、沉淀等基本规律，为水环境保护和污染防治提供依据。

（2）掌握水环境污染防治过程中污染物的去除原理、处理技术及其影响因素，不断发现新的科学现象，开发新的工艺技术，并逐步完善现有的水处理工艺技术及其工程设备。

（3）解决水污染治理技术开发中的工程放大问题、自动化控制问题，优化水污染控制工艺技术的设计、控制，以及配套工程设备的设计。

在教学过程中，水污染控制工程实验是环境工程学科教学的重要组成部分，旨在通过实验操作、实验现象的观察和实验结果的分析，使学生进一步理解、掌握水污染控制工程的基本概念和基本原理；学会水处理中常用实验仪器和设备的使用，培养学生实际动手能力和解决实际问题的能力；掌握收集、分析、归纳实验数据的能力和方法，初步掌握水污染控制工程实验的基本方法；使学生学会理论联系实际，培养学生观察问题、综合所学知识分析问题和解决问题的能力。

第二节 实验教学基本要求

科学实验一般可以分为明确实验任务、进行实验设计、实验准备、开展实验并做好观测和记录、整理分析数据、撰写实验报告等几个关键环节。对于不同类型的实验（验证性、综合性、设计性和探索性实验），要求学生做好以下几点：

1. 充分做好实验方案设计

实验过程中，学生需要先基于实验内容和实验要求，并结合所学理论和知识设计实验方案，选择实验方法，确定实验器材，明确测试项目和分析方法，拟定实验操作程序，做好实验分工。

对于综合性、设计性和探索性实验，学生应结合自己的实验内容和要求，查阅有关书籍、文献资料，了解和掌握与本实验研究有关的国内外技术状况、发展动态，并在此基础上，根据实验要求和实验室条件，提出具体的实验方案，包括实验工艺技术路线、实验条件要求、实验设备及材料、实验步骤、实验进度安排、人员分工等。

实验设计的目的是避免系统误差，控制、降低实验误差，无偏估计处理效应，从而对样本所在总体做出可靠、正确的推断。从实验设计的概念划分，可分为广义的实验设计和狭义的实验设计。广义的角度是指整个实验课题的拟定，主要包括课题的名称，实验目的，研究依据、内容及预期达到的效果，实验方案，实验单位的选取，重复数的确定，实验单位的分组，实验的记录项目和要求，实验结果的分析方法，经济效益或社会效益估计，已具备的条件，需要购置的仪器设备，参加研究人员的分工，实验时间、地点、进度安排和经费预算，成果鉴定，学术论文撰写等内容。而狭义的理解是指实验流程的确定，实验分析方法的选择以及质量保证。通过实验设计和规划做出周密安排，力求用较少的人力、物力和时间，最大限度地获得丰富而可靠的资料，通过分析得出正确的结论。如果设计不合理，不仅达不到实验的目的，甚至会导致整个实验的失败。因此，能否合理地进行实验设计，关系到科研工作的成败。

实验方案按供试因素的多少可分为单因素实验（single-factor experiment）方案、多因素实验（multiple-factor experiment）方案。单因素实验是指整个实验中只比较一个实验因素的不同水平的实验。单因素实验方案由该实验因素的所有水平构成，是最基本、最简单的实验方案。多因素实验是指在同一实验中同时研究两个或两个以上实验因素的实验。在生产过程中影响实验指标的因素通常是很多的，首先需要从众多的影响因素中挑选出少数几个主要的影响因素，多因素实验方案由该实验的所有实验因素的水平组合（即处理）构成。

正交实验是常见的多因素分析方法。正交表是根据组合理论，按照一定规律构造的表格，它在实验设计中有广泛的应用。以正交表为工具安排实验方案和进行结果分析的实验称为正交实验。它适用于多因素、多指标（试验需要考察的结果）、多因素间存在交互作用（因素之间联合起作用）、具有随机误差的实验。通过正交实验，可以分析各因素及其交互作用对实验指标的影响，按其重要程度找出主次关系，并确定对实验指标的最优工艺条件。在正交实验中要求每个所考虑的因素都是可控的。在整个实验中每个因素所取值的个数称为该因素的水平。

2. 实验准备

开展实验研究，学生必须提前认真阅读实验教材，清楚地了解所开展实验项目的目的要求、实验原理和实验内容，熟悉实验所需分析测试项目的测试方法，了解实验有关注意事项，准备好实验记录表格。

3. 严格按实验步骤操作

水污染控制工程的实验一般是由几个人合作的，实验时必须做好组织工作，既有分工，又有合作，确保安全和质量。实验前应仔细检查实验设备、仪器仪表是否完好和正常。明确是否对特殊设备、仪器及其操作技术具有充分了解，是否对实验安全进行了充分的认识并排除了安全隐患；实验时要严格按照操作规程操作，仔细观察实验现象，认真测试实验数据，并翔实填写实验记录。实验结束后，要对实验室和实验设备进行清扫或清理，把仪器仪表恢复原状，填写相关使用记录。

4. 数据整理与分析

实验数据分析主要包括实验误差分析、有效数据的取舍、实验数据整理等，并依此判断实验结果的好坏，找出不足之处，提出完善实验的措施。实验结束后，应尽快对实验数据进行统计处理，获取有效的实验结果，并进行科学、合理的分析，得出正确、可信的结论。

5. 撰写实验报告

实验报告是对实验的全面总结，必须写得简单明白，数据完整，交代清楚，结论明确，有讨论有分析，得出的公式或图表要指明实验条件；实验报告应包含实验名称、实验目的、实验步骤、实验安全风险及风险控制预案、实验数据和分析讨论等。在分析讨论中，要根据实验结果做出估计，分析误差大小及原因，要运用所学知识对实验现象进行解释，对异常现象进行讨论，并提出改进思路和建议。

第三节　实验安全

实验室是高等学校教学和研究的重要基地，安全必须放在首位，只有安全方能使实验室诸项工作得以顺利进行。所以学生进入实验室的第一堂课，应为“安全教育课”。实验室的安全是确保师生员工人身安全和避免学校财产损失的基础，它不仅包括防火、防爆、防毒、防盗、防溢水，安全地使用各种仪器，还包括环境污染的避免与消除工作，更重要的是出现一些事故怎样处理和自我保护。

水污染控制工程实验室的安全工作极为重要，不安全的操作不仅会出现事故，也会打乱正常的实验进程。因此，实验室的所有工作人员需要知道并坚守良好的实验室操作规则，尤其应建立定期清洗并检查装置的操作规程。教师必须对进入实验室做实验的学生进行安全和环境防护的教育，使学生了解实验室的规章制度，了解各种药品、试剂的特性，掌握取用方法，并做出示范，提出具体要求，减少由于操作不当而产生危险的概率。

一、准入要求

（1）进入实验室必须穿实验服，相关检测有特殊要求的，还需要佩戴防毒面罩、隔热手套或防护手套等。

（2）禁止穿凉鞋或拖鞋进入实验室。

（3）禁止佩戴隐形眼镜。

（4）禁止在实验室玩手机。

（5）禁止在实验室吃东西、吸烟。

二、卫生要求

（1）药品及配置的化学试剂必须有明显的标志，用完后应及时放回原位。

（2）仪器操作前，先要明白仪器的操作要求（实验任课老师讲解）。

（3）天平室卫生：用完天平要打扫干净，天平上不能有药品出现。

（4）做完实验，要打扫实验室卫生，垃圾要倒掉，台面整理干净。

三、安全要求

（一）防火防爆

火灾对实验室构成的威胁最为严重，最为直接，一场严重的火灾，将对人身、财产和资料造成毁灭性的打击。引起火灾要有三个因素：助燃剂、可燃物和引火源。

1. 电器设备引起的火灾

这类情况包括保险丝失灵、仪器控制器失灵，电器继续加热达到周围物品的燃点而失火，最重要的是由于操作人员和管理人员的疏忽。错误使用保险丝，容易导致设备烧毁，甚至引起火灾。使用电吹风吹干实验用品后应及时关闭，否则容易将实验台烤煳、烤焦。烘箱中放入纸张、木制实验用品时亦容易出现燃烧等问题。不得把含有大量易燃易爆溶剂的物品送入烘箱和高温炉加热。严禁乱接电源，要经常检修和维护线路、防火设备以及通风等。实验结束，要及时切断电源、气源、火源等，消除火种，关闭门窗。

为了更好地应对实验室突发情况，进入实验室前，要清楚电源总开关、煤气总开关、水源总开关的位置，有异常情况时要关闭相对应的总开关；要了解冲眼水龙头、紧急喷淋水龙头、急救箱的位置及使用方法，以便出现异常情况时能做好相应的自我救护。

2. 易燃易爆物品引起的火灾

煤气、酒精、汽油等燃料，氢气、氧气等气体，乙醚、二甲苯、丙酮、三硝基苯磺酸、松节油、苦味酸等液体，油脂、松香、硫黄、无机磷等固体，这些易燃易爆物品在一定条件下均能引起燃烧和爆炸，必须妥善安置，正确使用。特别强调的是，漫不经心的举动就有可能造成无可挽回的后果。使用易燃易爆物品前必须充分认识其化学特性和存在的危险，规范实验操作，避免出现危险。

3. 压缩气体引起的火灾

在环境监测实验中测定污水中的铜、锌、铅、镉等重金属元素时要用原子吸收分光光度计，测定水中苯系物时要用气相色谱仪。使用原子吸收分光光度计和气相色谱仪分别要用乙炔、笑气和氢气，这些气体都是压缩气体，如操作不慎，有可能造成爆炸事故，因此，气瓶的安全管理也显得非常重要。气瓶在使用过程中，要有专人负责；要有防止倾倒的措施，要避免碰撞、烘烤和暴晒；易燃和助燃气瓶要保持距离，分开存放；受射线辐照易发生化学反应介质的气瓶应远离放射源或采取屏蔽措施；易燃易爆或有毒介质的气瓶，要安放在远离实验室的专用屋内。开启高压气瓶时应站在气瓶出口的侧面，动作要慢，以减少气流摩擦，防止产生静电。气体应在储存期限内使用，气瓶应定期做技术检验和耐压实验。

4. 生活用品引起的火灾

禁止将生活用品带入实验室。比如在实验室违规给手机充电引发火灾；将饮用水带入实验室因饮用水倾倒、泄露导致火灾等。

灭火方法：灭火的一切手段基本上围绕破坏形成燃烧的三个条件中任何一个（助燃剂、可燃物和引火源）来进行，基本方法：① 隔离法；② 冷却法；③ 窒息法；④ 化学中断法。实验室中常用的灭火方法：① 用水灭火；② 砂土灭火；③ 灭火器。小火有时用湿手巾覆盖上，就可以使火焰窒息。如果实验出现火情，要立即停止加热，移开可燃物，切断电源，停止通风。大火用灭火器，同时报警，如果灭火器扑灭不了，赶快撤离，并要将实验门关上，以免火势蔓延。火灾逃生的常识：在火灾中，烈火不是最危险的敌人，浓烟和恐慌才是导致死亡的主要原因，出现火灾时，一定要冷静，做出正确的判断。

（1）进入实验室，应事先了解和熟悉建筑物的太平门和安全出口，做到心里有数，以防万一。

（2）发生浓烟时应迅速离开，当浓烟已窜入室内时，要沿地面匍匐前进。地面层新鲜空气较多，不易中毒而窒息，利于逃生。逃至门口，千万不要站立开门，避免被大量浓烟熏倒。

（3）逃到室外走廊，要尽量做到随手关门，如有防火门随即关上，这样可阻挡火势随人运动迅速蔓延，增加逃生的有效时间。

（4）外逃时千万不要乘坐电梯，因为火灾发生后，电梯可能停电或失控，同时，由于“烟筒效应”，电梯常常成为浓烟的流通道。

（5）如果下层楼梯冒出浓烟，不要硬行下逃，因为火源可能就在下层，向上逃离反而更可靠，可以到阳台、天台，找安全的地方，等候救援。

（6）若被困到室内，应迅速打开水龙头，将所有可盛水的容器装满水，并把毛巾、被单、毛毯打湿，以便随时使用。用湿手巾捂嘴，3 层湿毛巾可以遮住 30%的浓烟不被吸入，12 层湿毛巾可以遮住 90%浓烟。但湿毛巾也容易引起人的窒息，应注意水分不能超过毛巾重量的 3 倍。

（二）防中毒

毒物进入人体的途径有三类，即皮肤、消化道和呼吸道。实验室防毒主要采取加强个人防护。在实验室应该严格遵守以下规则：

（1）使用化学药品前，必须充分认识药品的毒性，充分掌握药品使用规范及出现中毒现象的表现及解毒方法，备好解毒药品及设备。

（2）绝对不允许口尝鉴定试剂和未知物。

（3）不允许直接用鼻子嗅气味，应以手扇出少量气体。

（4）一切有可能产生毒性蒸气的工作必须在通风橱中进行，并有良好的排风设备。

（5）从事有毒工作必须穿工作服，佩戴防护面具，处理完毕后方能离开。

（6）如果到一个房间，嗅到有煤气味，应立即开窗通风，千万不要打开任何电源，以免电火花引起煤气爆炸燃烧。

（7）如果发现有中毒现象，立即停止工作，送医院急救。

（三）防触电

（1）使用新的电学仪器，要先看说明书，弄懂它的使用方法和注意事项才能使用。

（2）使用搁置的电器应预先检查，发现有损坏之处及时修理。

（3）湿手不可接触电体，不能在潮湿处用电器。

（4）要按电学仪器安全用量来选择适当的保险丝和盒匣开关。

（5）电器装置不能裸露，漏电部分应及时修理好。

（6）使用后的电器设备，闭上开关，拔掉电源。

（7）各种电器应绝缘良好，并接地线。

（8）各种电器材料按规定范围使用，发生火灾时，应先切断电源开关，再灭火。

（四）防烧烫伤

（1）在实验室稀释浓硫酸时，不能将水往浓硫酸里倒，而应将浓硫酸缓缓倒入水中，不断搅拌均匀。

（2）加热液体的试管口，不能面向自己或别人，以免烫伤。

（3）浓硫酸一旦落在身上，先用干毛巾尽量擦掉酸液，再用大量水冲洗，以弱碱 2%碳酸钠或肥皂液中和洗涤；其他酸直接用大量水冲洗后再用弱碱中和。

（4）碱液落在皮肤上，用大量水洗净，用 4.5%醋酸或 1.5%左右的盐酸中和洗涤。

（5）在化学实验中，尽量不要戴隐形眼镜，如眼睛被溅上药品，立即用冲眼水龙头冲洗。

（6）橡皮或塑料手套应经常检查有无破损，特别是接触酸时。

（7）接装玻璃管时，注意防止被割伤，戴线手套，或用手巾垫着操作。

（五）微生物安全

对污水处理实验室来说，生物处理过程十分常见。尽管多数情况下，污水处理反应器中的微生物较为普通，但也存在一定的微生物安全性问题。操作时微生物对实验人员或环境产生的危害并不大，遵守标准的微生物学操作规程即可。

（六）防溢水和防盗

防溢水：使用完水龙头一定要记得关闭。特别是停水时若忘记关水龙头，来水后溢出的水可能造成严重的实验室安全问题，如损坏设备、破坏实验材料，严重时有可能与药品发生反应从而引发火灾或中毒事件。

防盗就是离开实验室时一定要关好门窗，短暂离开也要关好门。要做好实验室进出登记，离开实验室时应逐一检查确定水、电、煤气、窗户已关好。

（七）环境保护

实验室的环保就是对废渣、废液、废气的处理。首先在实验设计中应尽量选择无公害、低毒物品做实验，减少实验残液、残渣的产生，从而减少污染和保护环境。规范化管理实验室内废液、废渣，不得随意倾倒。酸碱、无机溶液、有机溶液、固体废弃物不能混放，废弃物必须注明危险特性。实验结束后的废弃试剂要经过化学处理才能排放掉，对于不能处理的废弃化学药品要妥善保管。例如，实验剩余的废酸、废碱，可先进行酸碱中和后再排放，消除废弃化学试剂中过酸、过碱对管道、水质、土壤造成的腐蚀和污染；剩余的有剧毒试剂如氯化汞、四氯汞钾溶液或有机溶剂如乙醇、氯仿等，应分类收集、集中回收，交由有资质的处理机构进行处理处置；废渣要采用掩埋法，有毒的废渣必须先进行化学处理后深埋在远离居民区的指定地点，以免毒物溶于地下水而混入饮用水中。列入《国家危险废物名录》的危险废物或根据国家规定的危险废物鉴别方法认定的具有危险特性的新化学废物应严格按照有关要求进行处置。

（八）其他危害

遵守仪器安全使用操作规程，爱护实验室仪器和设备，注意人身安全。例如，使用离心机时，如果离心管不平衡，就可能造成事故。

在具体实验过程中，师生均须牢牢地树立“安全第一，预防为主”，“安全为了实验，实验为了安全”的思想，要警钟长鸣。让我们发扬高度负责的精神，从每一细小的实事做起，加强实验室的安全管理。

第四节 数据处理与分析

水环境是一个开放的系统，具有成分复杂、随机多变，时间、空间尺度和数量级别分布宽泛等特点。开展水污染防治研究或水污染控制工程实验需要进行一系列测定，以获取大量的第一手数据，进行科学研究、理论验证和工程技术开发。实践表明，所有实验研究都存在误差，同一项目的多次重复测量结果都会有差异，即实验值与真实值之间存在差异。导致这种差异的原因有很多，诸如实验环境、实验条件、实验设备、实验技术、实验方法、实验人员及其技术水平等。因此，实验过程中绝不能认为取得了实验数据就算完成任务，还需要对测试对象进行分析研究，估计测试结果的可靠程度，并对取得的数据给予合理的解释；对所得数据加以处理，并用一定的方式表示出各数据之间的相互关系，形成研究成果。

一、误差的基本概念

实验常需要做一些定量分析的测定，同一项目的多次重复测量，结果可能各不相同，即实验值与真实值之间存在差异，这就是实验误差。引起实验误差的因素较多，通常随着研究人员对研究课题认识的提高、仪器设备的不断完善，实验中的误差会逐渐减小。

实验中，一方面必须对所测对象进行分析研究，善于判断分析结果的准确性，查出产生误差的原因，并对取得的数据给予合理的解释，以及进一步研究减小误差的方法，不断提高分析结果的准确程度。另一方面还必须对所得的数据加以归纳，用一定的方式表示出各数据之间的相互关系。前者即误差分析，后者为数据处理。

对实验结果进行误差分析与数据处理的目的在于：可以根据科学实验的目的，合理地选择实验装置、仪器条件和方法；能正确处理数据，以便在一定条件下得到真实值的最佳结果；合理选择实验结果的误差，避免由于误差而选取不当，造成人力、物力的浪费；总结测定的结果，得出正确的实验结论，并通过必要的整理归纳，绘成实验曲线或得出经验公式，为验证理论分析提供条件。

二、准确度和误差

准确度是指测定值与真实值之间的偏离程度。误差通常用于表示分析结果的准确度，包括绝对误差和相对误差。绝对误差指测定值与真实值之差；相对误差指绝对误差与真实值之比。即：

绝对误差=测定值-真实值

相对误差=绝对误差/真实值

绝对误差用于反映测定值偏离真实值的大小，其单位与测定值相同。由于不易测得真实值，实际应用中常用测定值与平均值之差表示绝对误差，与被测物量的大小无关。相对误差用于不同观测结果的可靠性的对比，常用百分数表示，与被测物量的大小有关。若被测物的量越大，则相对误差越小。一般用相对误差来反映测定值与真实值之间的偏离程度（即准确度）比用绝对误差更为合理。

三、精密度和偏差

精密度是指经过几次平行测定，得到几个测定结果，结果之间相互接近的程度。通常被测量的真实值很难准确知道，于是用多次重复测量结果的平均值代替真实值。这样单次测定的结果与平均值之间的偏离程度称为偏差。偏差与误差一样，也有绝对偏差和相对偏差之分。

绝对偏差=单位测定值-平均值

相对偏差=绝对偏差/平均值

从相对偏差的大小可以反映出测量结果再现性的好坏，即测量的精密度。相对偏差小，即可视为再现性好，即精密度高。

四、产生误差的原因

产生误差的原因很多。根据误差的性质及发生的原因，一般可分为系统误差、偶然误差、过失误差等。

由于测定过程中某些经常性的原因所造成的误差称为系统误差，它对分析结果的影响比较恒定。在做多次重复测量时，由于这些固定因素的影响，使结果总是偏高或偏低。这些固定因素主要来源于以下几个方面：① 由于分析测定的方法不够完善而引入的误差；② 所用仪器本身的缺陷造成的误差，如量具刻度不准、砝码未校正等；③ 试剂不纯引起的误差，如试剂不纯或器皿质量不高，引入了微量的待测组分或对测定有干扰的杂质而造成的误差；④ 个人生理特点引起的误差，如人对颜色变化不敏感造成的误差。

系统误差可以用改善实验方法、在实验前校正仪器、检查试剂纯度、提纯药品或在实验中同时进行空白实验等措施来减小。有时也可以在找出误差原因后，算出误差的大小而加以修正。

偶然误差在多次重复测定中，即使操作者技术再高、工作再细致，每次测定的数据也不可能完全一致。这种误差产生的原因常常难以察觉，例如可能是由于温度、气压的偶然波动而引起，也可能是由于个人在读数时一时辨别差异使读数不一致而引起。这种误差是由偶然因素引起的，在实验操作中不能完全避免。

偶然误差的大小可由精密度表现出来。测定结果的精密度越高，偶然误差越小；反之，精密度越差，测定的偶然误差越大。通常可采用“多次测定，取平均值”的方法来减小偶然误差。

除了上述两类误差外，还有由于工作粗枝大叶、不遵守操作规程等原因而造成测量的数据有很大的误差，即过失误差。这些属于可以避免的过失，但会给分析结果带来严重影响，必须注意避免。因此，必须严格遵守操作规程，一丝不苟、耐心细致地进行实验，在学习过程中养成良好的实验习惯。如果确知是由于过失差错而引起的误差，则在计算平均值时应去除该次测量的数据。

五、实验数据的处理

实验数据处理时，一般都需要在校正系统误差和剔除错误的测定结果后，计算出结果可能达到的准确范围，即应算出分析结果中包含的偶然误差。首先要把数据加以整理，剔除由于明显、充分的原因而与其他测定结果相差甚远的数据，对于那些精密度似乎不甚高的可疑数据，则应按照处理规则决定取舍。然后计算出剩下数据的平均值，以及各数据对平均值的偏差和平均偏差。再从平均偏差算出平均值与真实数值的差距，以求出真实数值可能存在的范围。实验过程中所做的各种测试工作，由于受到仪器、实验方法、环境、人为因素等方面的限制，不可能测得真实值。如果对同一考察项目进行无限多次的测试，然后根据误差分布定律中正负误差出现概率相等的原则，可以求出测试值的平均值，在无系统误差的情况下此值接近于真实值。但通常实验的次数是有限的，用有限次数求得的平均值是真实值的近似值。

常用的平均值有：算术平均值、均方根平均值、加权平均值、中位值、几何平均值。计算平均值方法的选择，主要取决于一组观测值的分布类型。

六、实验数据的表示方法

在对实验数据进行误差分析整理去除错误数据后，还可通过数据处理，将实验所提供的数据归纳整理，用图形、表格或经验公式加以表示，以找出影响研究事物的各因素之间互相影响的规律，为得到正确的结论提供可靠的信息。

常用的实验数据表示方法有列表表示法、图形表示法和方程表示法三种，表示方法的选择主要依据经验。

列表表示法是将一组实验数据中的自变量、因变量的各个数值依一定的形式和顺序一一对应列出来，借以反映各变量之间的关系。完整的表格应包括表的序号，表题，表内项目的名称和单位、说明以及数据来源等。

实验测得的数据，其自变量和因变量的变化有时是不规则的，使用起来不方便。此时可以通过数据的分度，使表中所列数据有规则地排列，即当自变量做等间距顺序变化时，因变量也随着顺序变化，这样的表格查阅起来较方便。数据分度的方法有多种，较为简单的方法是先用原始数据画图，作出一条光滑曲线，然后在曲线上一一读出所需数据，并列表。

图形表示法的优点在于形式简明直观，便于比较，易显出数据中的最高点或最低点、转折点、周期性以及其他奇异性等。当图形作得足够准确时，可以不必知道变量间的数学关系，对变量进行运算后就可得到需要的结果。

图形表示法主要用于两种场合：① 已知变量间的依赖关系图形，通过实验，将取得数据作图，然后求出响应的一些参数；② 两个变量之间的关系不清，将实验数据点绘于坐标纸上，用于分析变量间的关系和规律。

实验数据用列表或图形表示后，使用时虽然直观简便，但不便于理论分析研究，故常需用数值表达式来反映自变量与因变量的关系，这种方法称为方程表示法。

方程表示法通常包括以下两个步骤：

第一步：选择经验公式。表示一组实验数据的经验公式应该形式简单，式中系数不应太多。通常先将实验数据在坐标纸上描点，再根据经验和几何知识推测经验公式的形式。若经验证明此形式不够理想时，则应立新式，再进行实验，直到得到满意的结果为止。表达式中容易直接用实验验证的是直线方程，因此，应尽量使所得函数形式呈直线式，若不是直线式，可以通过变量变换，使所得图形改为直线。

第二步：确定经验公式的系数。确定经验公式系数的方法有多种，包括直线图解法和回归分析中的一元线性回归、一元非线性回归，以及回归线的相关系数与精度等，这些方法都可以依据所掌握的数学知识获得。

第五节 实验项目

实验一 废水自由沉淀实验

一、实验目的

（1）观察沉淀过程，加深对自由沉淀特点、基本概念及沉淀规律的理解。

（2）求某一废水的沉淀曲线（即沉淀时间 t 与沉淀效率 E 的相关曲线），颗粒沉速 v 与沉淀效率 E 的相关曲线，掌握某一种废水的沉淀特性，为设计沉淀池提供基本参数。

二、实验原理

在含有分散性颗粒的废水静置沉淀过程中，设沉淀实验筒内有效水深为 H，通过不同的沉淀时间 t 可求得不同的颗粒沉淀速度 v，即 $v=H/t$。因而从指定的沉淀时间 t_0 可得颗粒的沉淀速度 v，对于沉速等于或大于 v_0 的颗粒，在当时间为 t 时可全部除去，而对于沉速 $v<v_0$ 的颗粒只有一部分去除，而且是按 v/v_0 的比例去除的。沉淀开始时，可以认为悬浮物在水中的分布是均匀的，随着沉淀时间的增加，悬浮物在实验筒内的分布变为不均匀了，严格地说，经过沉淀时间 t 后，应将实验筒内有效水深 H 的一部分水样取出，测定其悬浮物含量，来计算出 t 时间内的沉淀效率。但这样的工作量很大，而且每个实验

筒只能求一个沉淀时间内的沉淀效率。为了克服上述弊病，又考虑到筒内悬浮浓度沿水深的变化，提出如下实验方法：将取样口装置在 $H/2$ 处，近似地用该处水样的悬浮物浓度代表整个有效水深内悬浮物平均浓度。我们认为这样做在工程上所导致的误差是允许的，而且实验及测定工作量可以大为简化，在一个实验筒内就可多次取样，完成沉淀曲线的测定。

三、实验设备与试剂

（1）装置与设备：废水自由沉淀装置（见图 2-1）、浊度计、200 mL 烧杯、计时器、游标卡尺。

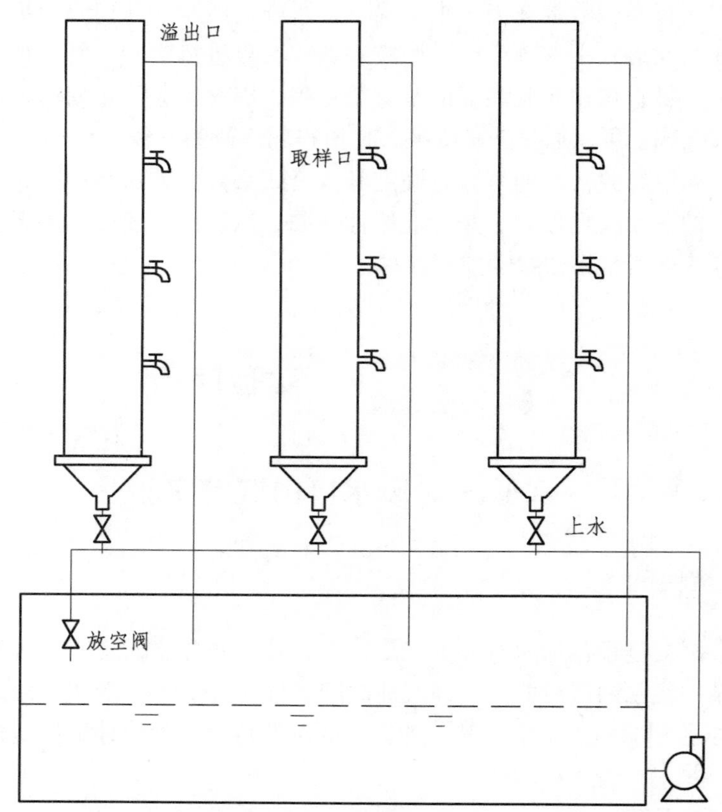

图 2-1　废水自由沉淀装置

（2）原料：实验废水（一定浊度的废水）。

四、实验方法与操作步骤

（1）了解管道连接情况，检查是否符合实验要求（检查水泵出水口的两个阀门，关闭到沉淀筒方向去的阀门，开启内部回流的阀门）。

（2）关闭出水阀门，启动水泵，水力搅拌 5 min（回流水出口有强烈水射流出，起搅拌作用），使水槽内水质均匀。

（3）进水操作：

① 关闭三个沉淀筒各自的进水阀门（沉淀筒底部）。

② 打开水泵到沉淀筒方向去的阀门（回流水不关闭），然后打开第一个沉淀筒的进水阀门，让水平稳地从沉淀筒底部进入筒中，至上端溢流。随机关闭沉淀筒进水阀门，开始计时。

③ 开启第二根沉淀筒的进水阀门，按以上第②项步骤操作。

注：以上②③步骤每一小组各做一步即可。

④ 关闭水泵电源插头，让水泵停止工作。

（4）打开沉淀筒中间阀门，放空约 50 mL 水后开始取原水样。取水样 100 mL 两次，做平行试验，此时 t=0。

（5）关闭进水阀，开始计沉淀时间，接着关闭水泵。

（6）刚才所取 100 mL 的两个水样分别摇匀，进行浊度测试。

（7）按实验表上给出的时间，依次取水样，每次取水样前须先读取工作水深，然后打开放水阀，放空 50 mL 左右水样后开始取水样，每次取 100 mL 两个水样，测量浊度。

（8）按照实验表上各个项目，分别计算和填写结果。

五、实验记录与分析

1. 实验记录

（1）记录沉淀过程的实验现象。

（2）记录数据（见表 2-1）。

表 2-1　沉淀过程实验数据记录

<table>
<tr><th>静置沉淀时间 t/min</th><th>取水样体积 v/mL</th><th>放空水体积 v'/mL</th><th>水样浊度（NTU）</th><th>水样平均浊度（NTU）</th><th>沉淀效率 [$E\%=(C_0-C)/C_0\times100$]</th><th>工作水深 H_i/mm</th><th>颗粒沉速（$v_0=H_i/t_i$）</th></tr>
<tr><td rowspan="2">0</td><td></td><td rowspan="2"></td><td></td><td rowspan="2"></td><td rowspan="2"></td><td rowspan="2"></td><td rowspan="2"></td></tr>
<tr><td></td><td></td></tr>
<tr><td rowspan="2">10</td><td></td><td rowspan="2"></td><td></td><td rowspan="2"></td><td rowspan="2"></td><td rowspan="2"></td><td rowspan="2"></td></tr>
<tr><td></td><td></td></tr>
<tr><td rowspan="2">20</td><td></td><td rowspan="2"></td><td></td><td rowspan="2"></td><td rowspan="2"></td><td rowspan="2"></td><td rowspan="2"></td></tr>
<tr><td></td><td></td></tr>
<tr><td rowspan="2">40</td><td></td><td rowspan="2"></td><td></td><td rowspan="2"></td><td rowspan="2"></td><td rowspan="2"></td><td rowspan="2"></td></tr>
<tr><td></td><td></td></tr>
<tr><td rowspan="2">60</td><td></td><td rowspan="2"></td><td></td><td rowspan="2"></td><td rowspan="2"></td><td rowspan="2"></td><td rowspan="2"></td></tr>
<tr><td></td><td></td></tr>
<tr><td rowspan="2">90</td><td></td><td rowspan="2"></td><td></td><td rowspan="2"></td><td rowspan="2"></td><td rowspan="2"></td><td rowspan="2"></td></tr>
<tr><td></td><td></td></tr>
</table>

2. 实验分析

（1）画出沉淀曲线：E-t 及 v-E。

（2）根据沉淀曲线，总结废水沉淀规律。

六、注意事项

（1）水样取出后搅拌时间要足够，否则悬浮物浓度不均匀，会出现较大误差。

（2）沉淀筒进水时，一定要密切注意水位的上升速度，当水位将要达到溢流口时，要适当关小进水阀，以防止水位上升速度过快而溢流出沉淀筒。

实验二　废水成层沉淀实验

一、实验目的

在污水生物处理的二沉池、污泥处理的重力浓缩池和污水混凝沉淀法处理的沉淀池中，悬浮固体浓度比较高。沉淀过程中，固体颗粒彼此相互干扰，沉速大的颗粒无法超越沉速小的颗粒快速下沉，所有的颗粒聚合成一个整体，各自保持相对不变的位置，共同下沉，并出现一个清晰的泥-水界面，此界面逐渐向下移动。这个泥-水界面下沉速度就是颗粒的下沉速度，这种类型的沉淀，称为成层沉淀（又称拥挤沉淀或区域沉淀）。

成层沉淀类型的沉淀池，除了要满足水力表面负荷率外，还要满足污泥固体表面负荷率（即污泥固体通量），才能取得理想的固-液分离和污泥浓缩效果。因此，污泥固体表面负荷率是二沉池、污泥浓缩池设计和运行的重要参数。由于沉层沉淀过程受污水中悬浮固体性质、浓度、沉淀时间和水力条件等因素的影响，因此，常需要通过实验方法求得设计参数，以指导生产运行。

本实验的目的是：

（1）加深对成层沉淀的基本概念、特点以及沉淀规律的理解。

（2）掌握活性污泥沉淀特性曲线的测定方法。

（3）掌握固体通量曲线的分析方法、绘制方法。

二、实验原理

澄清浓缩池在连续稳定运行中，池内可分为四区，如图 2-2 所示。池内污泥浓度沿着池高的分布状况如图 2-3 所示。

本实验采用的是多次静态沉降实验法，又称污泥固体通量分析法（简称固体通量分析法），是迪克（Dick）于 1969 年采用静态浓缩实验的方法，分析了连续式重力浓缩池的工况后，提出的考虑污泥浓缩功能时二沉池和污泥浓缩池表面积的一种计算方法。所谓固体通量，即单位时间内通过单位面积的固体质量[kg/（m^2·h）]。当二沉池和连续流污泥重力浓缩池运行正常时，池中固体量处于动态平衡状态。单位时间内进入池的固体质量等于排出池的固体质量（C_e=0），如图 2-4 所示。

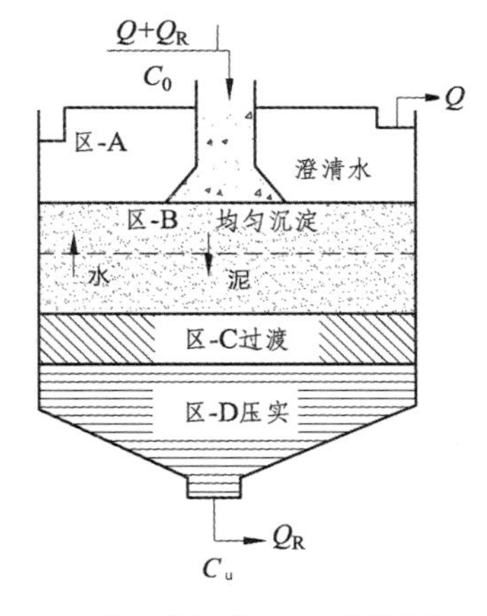

C_0—原污泥浓度；C_u—污泥浓度。

图 2-2　稳定运行沉淀池内状况

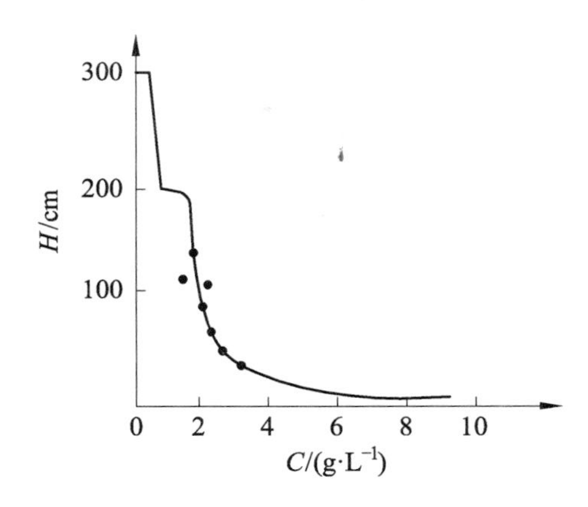

图 2-3　池内污泥沿池高分布

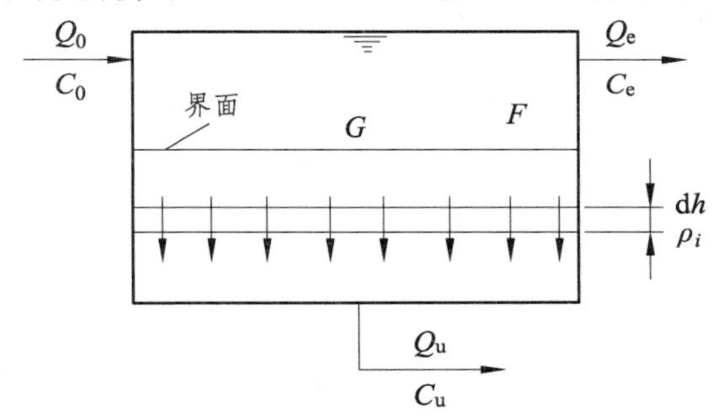

图 2-4　二沉池混合液沉降示意图

污泥固体颗粒的沉降是由两个因素引起的：

一是自身重力作用引起的沉降，形成静沉固体通量 G_g。

二是由于污泥回流和排泥产生的底流引起的污泥颗粒沉降 G_u。

上述污泥沉降过程的固体通量可以用下式表示：

$$G_T = G_g + G_u = u_i \cdot C_i + u \cdot C_i \tag{2-1}$$

式中　G_T——总的固体通量，kg/（m^2·h）；

G_g——污泥本身的重力产生的固体通量，kg/（m^2·h）；

G_u——排泥速率为 u 时造成的底流产生的固体通量，kg/（m^2·h）；

u_i——污泥浓度为 C 时污泥重力沉降速率，m/h；

C_i——污泥浓度，g/L；

u——相应于某一底流浓度时的底流速率，m/h。

式（2-1）中的第二项（$u \cdot C_i$）与二次沉淀池或浓缩池的操作运行方式、污泥性质和要求浓缩的程度有关。设计时，u 采用经验值。对于活性污泥法，u 值为 7.1×10^{-5} ~

1.4×10^{-4}m/s。式（2-1）中的第一项（$u_i\cdot C_i$）与污泥沉淀性质有关，可以通过沉降实验确定。

图 2-4 中线 2 为 G_u–C_i 曲线；线 3 为 G_g–C_i 曲线，两个曲线纵坐标叠加后为曲线 1，即 G_T–C_i 曲线。在总固体通量曲线 G_T 上有个最低点 A，与这一点相对应的固体通量值 G_L 称为极限固体负荷率。当二次沉淀池或浓缩池的入流污泥负荷 $G_a>G_L$ 时，说明池面积设计过小，或当 $G_a>>G_L$ 时，（G_a-G_L）这部分污泥是泥水断面不断上升，直到污泥被出流带走。对于二次沉淀池，G_a 可用式（2-2）表示：

$$G_a=\frac{(Q+Q_u)\cdot\rho_{MLSS}}{A}\tag{2-2}$$

式中 ρ_{MLSS}——曝气池混合液浓度，g/L；

Q——污水流量，m^3/h；

Q_u——底流流量，m^3/h；

A——二次沉淀池面积，m^2。

G_L 值可以通过沉淀实验求得。设计时，常采用经验值，对于活性污泥混合液，G_L 在 3.0 ~ 6.0 kg/（$m^2\cdot h$）之间取值。

进行沉淀实验时，取同一种污泥的不同固体浓度混合液，分别在沉淀柱内进行沉淀实验，每根柱子可得出一条泥-水界面沉淀过程线（见图 2-6），从中可以求出泥水界面下沉速率 u_i 与相应的污泥浓度 C_i 的关系曲线 3（见图 2-5）。活性污泥混合液在沉淀柱里的沉淀过程可以分为 3 个阶段，如图 2-6 所示。

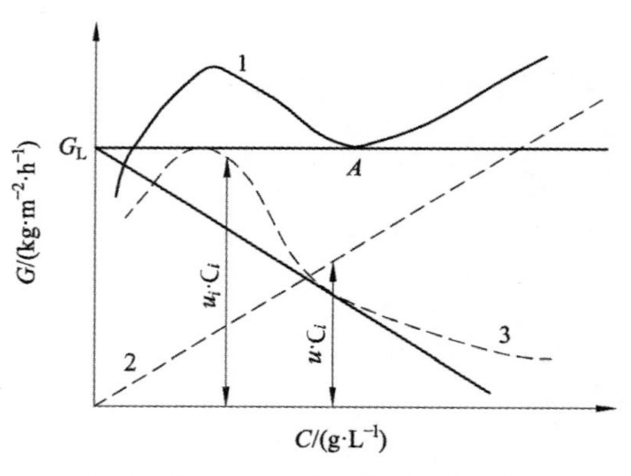

1—$G_T=G_u+G_g$；2—$G_u=uC_i$；3—$G_g=u_iC_i$。

图 2-5 污泥固体通量曲线

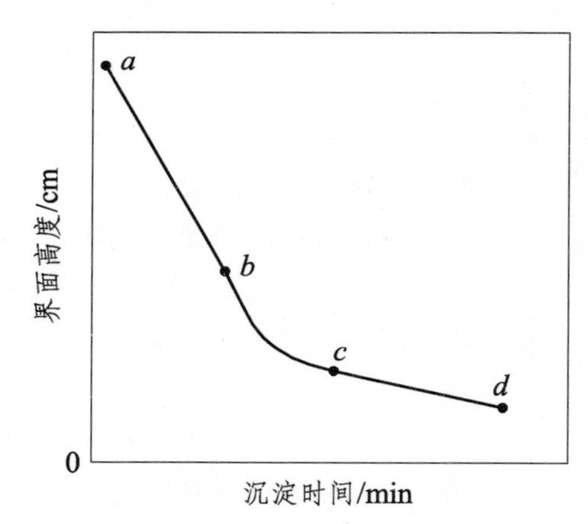

图 2-6 沉层沉淀实验中界面高度变化

1. 沉层沉淀阶段（ab 段，等速沉淀阶段）

实验开始时，沉淀柱上端出现清晰的泥-水界面并等速下沉，这是由于悬浮颗粒的相互牵制和强烈干扰，均衡了它们各自的沉淀速度，使颗粒群体以共同干扰后的速度下沉。此时，污泥浓度不变，污泥颗粒等速沉降，它不因沉淀历时的不同而变化。表现为沉淀过程线上的 ab 段，是一斜率不变的直线，故称为等速沉淀段。界面的沉速与污泥的起始浓度有关，污泥起始浓度越高，界面形成越快，沉降速度越慢。采用实验方法求 G_L 时，首先要测定这一阶段的沉速，以便求得 G_g，然后通过计算得到 G_L。

2. 过渡段（*bc* 段）

过渡段又称变浓区，此段为污泥等浓区向压缩区的过渡段，其中既有悬浮物的干扰沉淀，也有悬浮物的挤压脱水作用。在沉淀过程线上，其是 *bc* 间所表现出的弯曲段，即沉速逐渐减小，此时等浓区消失，故 *b* 点又称为沉层沉淀临界点。

3. 压缩阶段（*cd* 段）

当污泥浓度进一步增大后，颗粒间相互直接接触，下层污泥支撑着上层污泥，同时，在上层污泥颗粒的挤压下，水从污泥间隙中被挤出来。在这一阶段，泥水界面以极缓慢的速率下降，是等速沉淀的过程，但沉速很小。

多次静态沉降实验法是采用同一种污泥不同浓度单独进行实验的，并未考虑到实际沉淀池或浓缩池中污泥浓度是连续分布的，下层沉速较小的污泥层必将影响上层污泥的沉速，因此，由多次静态沉降实验法求得的 G_L 偏高，与实际值有一定的出入。

三、实验设备与试剂

（1）沉淀柱。有机玻璃沉淀柱，搅拌装置转速 $n = 1.0$ r/min，底部有进水、放空孔。

（2）量筒、玻璃漏斗、滤纸、秒表、尺子。

（3）配水及投配系统（见图 2-7）。

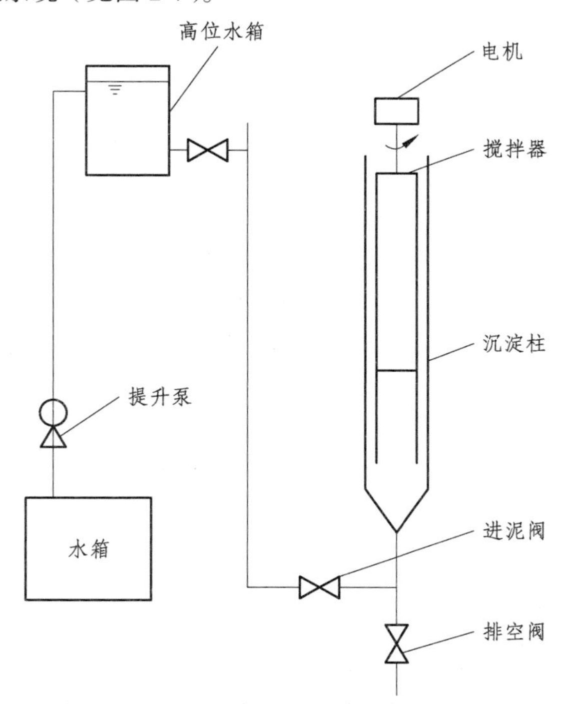

图 2-7 成层沉淀实验装置

四、实验步骤

（1）将取自处理厂活性污泥曝气池内正常运行的混合液，放入水池，搅拌均匀，同时取样测定其原污泥混合液的污泥浓度（MLSS）。

（2）打开进泥阀，关闭放空阀，向沉淀柱进泥，同时开启搅拌。

（3）混合液液面上升到一定位置（视泥量而定）可以停止进泥。记录液面高度 H，并开始计时。

（4）分别在 30 s、1 min、2 min、4 min、7 min、10 min、15 min、20 min、25 min、30 min、40 min，记录不同沉降时间所对应的界面沉降高度。实验数据记录可参考表 2-1。

（5）再配置两种与前面不同浓度（梯度升高）的污泥，测定 MLSS，重复 2 ~ 4 步骤实验。

（6）运行完毕，打开排空阀，用自来水清洗沉淀柱。

五、注意事项

（1）向沉淀柱进水时，速度应适中。速度过慢，进水过程柱内容易形成浑液面；速度过快，会使柱内水体紊动，影响实验结果。

（2）第一次成层沉淀实验，污泥浓度要与设计曝气池混合液浓度一致，且沉淀时间要尽可能长一些。

六、实验结果整理

（1）记录实验设备和操作的基本参数。

实验日期：_____ 年 ______月 ______日　　污泥来源：______________________

沉淀柱高度 H：_________ m　　沉淀柱直径 D：__________ m

混合液浓度 MLSS：________ mg/L

（2）实验数据记录可以参考表 2-1。

（3）以沉淀时间 t 为横坐标，界面高度 H 为纵坐标，作 H-t 关系图。

（4）以界面高度与时间关系曲线的直线部分计算界面沉速 u_i 和 G_g。参考表 2-2 进行记录：

表 2-2　污泥本身的重力产生的固体通量计算表

计算值	曝气池混合液	配制混合液 1	配制混合液 2
污泥浓度 $C_i/(g \cdot L^{-1})$			
界面沉降速度 $u_i(u_i = \Delta h/\Delta t)/(cm \cdot min^{-1})$			
$G_g(G_g = u_i \cdot C_i)/(kg \cdot m^{-2} \cdot h^{-1})$			

（5）以污泥浓度 C_i 为横坐标，G_g 为纵坐标，作重力沉降固体通量曲线（见图 2-4，用坐标纸绘制）。

七、思考题

（1）观察实验现象，试说明沉层沉淀与絮凝沉淀的不同之处及其原因。

（2）沉淀水深对界面沉降速度是否有影响？

（3）成层沉淀的重要性，如何运用到二沉池的设计上？

实验三 混凝实验

混凝沉淀能广泛用于微污染水源水、生活污水、工业废水以及二沉池出水深度处理中的浊度、悬浮颗粒物（SS）、微生物、有机物、氮、磷、重金属、色度、石油类、细小纤维的去除，混凝沉淀或混凝气浮是水处理工艺中常见的和重要的处理单元之一。

水和水中均匀分布的细小颗粒所组成的分散体系，按颗粒的大小可分为三类：颗粒直径小于 1 nm 的分子和离子为真溶液；颗粒尺寸介于 1 ~ 100 nm 的为胶体溶液；颗粒尺寸大于 100 nm 的称为悬浮液。当向呈分散体系的水中投加一定量的混凝剂（或药剂）时，在水动力学条件下，混凝剂与胶体颗粒、真溶液中能与某些化学物质发生反应的细小颗粒（如重金属与硫离子、碳酸根离子、氢氧根离子形成的硫化物、碳酸盐和氢氧化物等）相互聚合，形成可以自由沉淀的絮体，这一过程叫混凝沉淀。

通过混凝沉淀实验，可以帮助学生了解混凝剂的种类及其效能、影响混凝的主要因素或混凝条件、混凝过程及其机理、混凝的水动力学条件及其设备、混凝沉淀去除的对象及其构筑物设计。因而，混凝沉淀实验在水处理科研和工程中应用极其广泛。

一、实验目的

（1）加深了解混凝沉淀的原理、设备、混凝剂类型及效能。

（2）通过实验过程了解水动力学条件、混凝剂种类及投加量、pH 值等对混凝沉淀效果的影响，并确定适宜的实验条件。

（3）观察絮体的形成过程，分析混凝沉淀机理。

二、实验原理

地表水、生活污水和工业废水中常常存在大量的无机和有机胶体颗粒，如总有机碳（TOC）、腐殖质颗粒、铝硅酸盐细小矿物颗粒、游离细菌和病毒、乳化油等，成为地表水体浑浊和污（废）水处理泥水分离不清的一个重要原因。胶体表面带有电荷，且电荷不平衡分布，致使靠近固相表面的液相形成的反离子不均匀分布，从而构成双电层。胶体颗粒间的静电斥力、胶粒的布朗运动及胶粒表面的水化作用，使得胶粒具有分散稳定性。胶体颗粒不可能通过自然沉淀去除。

在胶体颗粒间的静电斥力、胶粒的布朗运动及胶粒表面的水化作用中，静电斥力的影响最大。因此，当向水中投加混凝剂时，能大量增加水中的高价正离子，从而压缩胶体的双电层，使胶体颗粒的 ζ 电位降低，固液界面间的静电斥力减小，水化作用减弱，发生快速絮凝作用（先异向絮凝，后同向絮凝）。同时，混凝剂水解后形成的高分子物质或直接加入水中的高分子物质多具有链状结构，在水动力学作用下，形成吸附架桥作用，使胶粒颗粒相互接触，逐渐形成较大絮凝体（俗称矾花），发生自然沉淀。

混凝沉淀过程是一连续作用的过程。为便于研究和表达，混凝沉淀被划分为混合和反应两个阶段。混合阶段要求被处理的原水、污水或废水与混凝剂在较强水动力学作用下快速分散混合，使混凝剂迅速分散，并与胶体颗粒发生相互作用或碰撞，从而压缩胶体颗粒的双电层，使之脱稳，进行异向絮凝和同向絮凝，形成微絮凝体；反应阶段则要求降低水动力学作用或慢速搅拌，使微絮凝体在混凝剂高分子物质作用下发生吸附架桥，形成较密实的大粒径矾花。

对于水中溶解性污染物，如重金属离子和溶解性有机物，不宜直接采用混凝沉淀去除，但可以先投加某些化学组分，调节 pH 值，使其发生某种化学反应，形成化学沉淀物或胶体，再采用混凝沉淀方法对其去除。如 Cd^{2+}直接采用混凝剂，去除效果较差，若先投加碳酸钠或碳酸氢钠，使之形成碳酸镉沉淀，再采用混凝剂絮凝沉淀，则效果会明显改善。

三、实验设备及材料

（1）实验用水：学校池塘水、自制污水。

（2）实验材料：硫酸铝、氯化铝和三氯化铁混凝剂若干，化学纯盐酸和氢氧化钠溶液各 1 瓶。

（3）实验设备：六联电动搅拌器 1 台（见图 2-8）；1 000 mL 和 250 mL 烧杯、1 000 mL 量筒、500 mL 容量瓶、250 mL 容量瓶、1 mL 和 5 mL 移液管若干；COD 快速测定仪、紫外分光光度计、酸度计、浊度仪各 1 台（套）；万分之一电子天平、温度计、秒表及卷尺各 1 个。

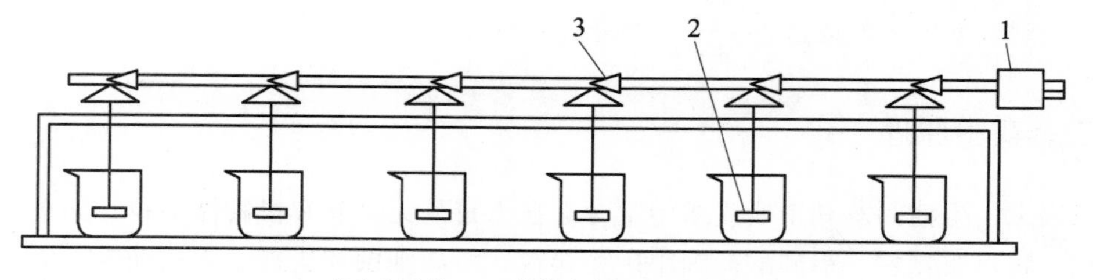

1—变速电动机；2—搅拌叶片；3—传动装置。

图 2-8　六联电动搅拌器

四、实验步骤及记录

实验每 4 人一组，任选学校池塘水、自制污水其中的一种实验用水进行实验。

（一）适宜药剂投加量实验

（1）测量实验用水的水温、微污染水源水的浊度及 pH。

（2）确定形成矾花所用的最小混凝剂量：慢速搅拌烧杯中 200 mL 原水，每次投加混凝剂 0.5 mL，直至出现矾花为止时消耗的混凝剂为形成矾花的最小混凝剂投加量。

（3）用 1000 mL 量筒定量量取 6 个水样至 6 个大烧杯中。

（4）确定实验时的混凝剂投加量：根据步骤（2）得出的形成矾花最小混凝剂投加量，取其 1/3、2/3、1、4/3、5/3、2 倍分别加入 1 ~ 6 号烧杯中。

（5）将烧杯置于搅拌机中，开启搅拌机，调整转速，中速运转数分钟，同时将设计混凝剂投加量分别用移液管投加到相应烧杯中，并快速搅拌 30 s（300 ~ 500 r/min），然后调到中速搅拌 4.5 min（120 ~ 150 r/min），之后再调至慢速搅拌 10 min（50 ~ 80 r/min）。

（6）搅拌过程中，注意观察并记录矾花形成的过程以及矾花外观、大小等；搅拌结束后，将烧杯取出，置一旁静置沉淀 10 min，观察矾花沉淀过程、沉降速度快慢、密实程度，并记录在表 2-3 中。

表 2-3　实验现象观察记录

实验过程	实验过程现象描述
快速搅拌	
中速搅拌	
慢速搅拌	
静置沉淀	

（7）沉淀结束后，小心倒取烧杯中上清液约 100 mL（够水样分析测试即可），检测混凝沉淀后出水或上清液的浊度、pH，并填入原始数据记录表 2-4 中。

表 2-4　实验原始数据记录

<table>
<tr><td colspan="2">使用混凝剂名称</td><td colspan="3">进水浊度（NTU）</td><td>原水温度</td><td>原水 pH</td><td>原水体积/mL</td></tr>
<tr><td colspan="2"></td><td colspan="3"></td><td></td><td></td><td></td></tr>
<tr><td colspan="2">水样编号</td><td>1</td><td>2</td><td>3</td><td>4</td><td>5</td><td>6</td></tr>
<tr><td rowspan="2">药剂投加量</td><td>mL</td><td></td><td></td><td></td><td></td><td></td><td></td></tr>
<tr><td>mg/L</td><td></td><td></td><td></td><td></td><td></td><td></td></tr>
<tr><td colspan="2">出水浊度（NTU）</td><td></td><td></td><td></td><td></td><td></td><td></td></tr>
<tr><td colspan="2">沉淀后 pH</td><td></td><td></td><td></td><td></td><td></td><td></td></tr>
</table>

（8）基于实验结果，并结合混凝沉淀过程所观察到的现象、相关原理，对实验结果进行讨论分析。如果实验结果不够理想，可基于实验结果重新设计实验，重复上述实验步骤。

（二）适宜 pH 值实验

（1）测量实验用水的水温、微污染水源水的浊度及 pH。

（2）用 1 000 mL 量筒定量量取 6 个水样至 6 个大烧杯中。

（3）调整原水 pH，用移液管依次向 1 号、2 号、3 号装有水样的烧杯中分别加入 2.5 mL、1.0 mL、0.2 mL 浓度为 5%的盐酸溶液，依次向 4 号、5 号、6 号装有水样的烧杯中分别加入 2.0 mL、3.0 mL、4.0 mL 浓度为 5%的氢氧化钠溶液，经搅拌均匀后用 pH 计测定水样的 pH。再向每杯中按照最佳混凝剂投加量加入混凝剂。

（4）将烧杯置于搅拌机中，开启搅拌机，调整转速，中速运转数分钟，同时将设计混凝剂投加量分别用移液管投加至相应烧杯中，并快速搅拌 30 s（300 ~ 500 r/min），然后调到中速搅拌 4.5 min（120 ~ 150 r/min），之后再调至慢速搅拌 10 min（50 ~ 80 r/min）。

（5）搅拌过程中，注意观察并记录矾花形成的过程以及矾花外观、大小等；搅拌结束后，将烧杯取出，置一旁静置沉淀 10 min，观察矾花沉淀过程、沉降速度、密实程度，并记录在表 2-3 中。

（6）沉淀结束后，小心倒取烧杯中上清液约 100 mL（够水样分析测试即可），检测混凝沉淀后出水或上清液的浊度（或其他污染物）、pH，并记录原始数据（见表 2-4）。

（7）基于实验结果，并结合混凝沉淀过程所观察到的现象，对实验结果进行讨论分析。如果实验结果不够理想，可基于实验结果重新设计实验，重复上述实验步骤。

（三）适宜水动力学条件实验

（1）设计实验搅拌时间安排表（见表 2-5）。

表 2-5 搅拌时间安排

设计方案	快速搅拌时间/s	中速搅拌时间/s	慢速搅拌时间/s
1	30	270	600
2	45	255	600
3	60	240	600
4	75	225	600

（2）测量原水的水温、微污染水源水的浊度及 pH。

（3）用 1 000 mL 量筒定量量取 4 个水样至 4 个大烧杯中。

（4）将水样 pH 调节至最佳 pH 值。

（5）将烧杯置于搅拌机中，开启搅拌机，调整转速，中速运转数分钟，同时将设计混凝剂投加量分别用移液管投加至相应烧杯中，并按实验搅拌时间安排表中的设计时间进行快速搅拌、中速搅拌和慢速搅拌。

（6）搅拌过程中，注意观察并记录矾花形成的过程以及矾花外观、大小等；搅拌结束后，将烧杯取出，置一旁静置沉淀 10 min，观察矾花沉淀过程、沉降快慢、密实程度，并记录在表 2-3 中。

（7）沉淀结束后小心倒取烧杯中上清液约 100 mL（够水样分析测试即可），检测混凝沉淀后出水或上清液的浊度（或其他污染物）、pH，并记录原始数据（见表 2-4）。

（8）基于实验结果，并结合混凝沉淀过程所观察到的现象，对实验结果进行讨论分析。如果实验结果不够理想，可基于实验结果重新设计实验，重复上述实验步骤。

五、数据整理（适宜投药量、pH 值、水动力学条件的确定）

以投药量（或 pH 值、水动力学条件）为横坐标，以剩余浊度（或 SS、COD、磷等其他污染物）为纵坐标，绘制投药量（或 pH 值、水动力学条件）-剩余浊度（或 SS、COD、磷等其他污染物）曲线，从曲线上求得本次实验适宜的实验结果，包括适宜的混凝剂种类及其投加量、混凝沉淀的适宜 pH 值和水动力学条件、污染物的去除效果等。

六、思考题

（1）根据实验结果以及实验中所观察到的现象，简述影响混凝的几个主要因素。

（2）结合混凝沉淀原理，说明混凝沉淀主要影响因素在混凝沉淀过程中的作用。

七、注意事项

（1）混凝沉淀实验取水时，所取用水水样要搅拌均匀，要一次量取，以避免所取水样水质不均。

（2）混凝沉淀出水或静置沉淀上清液取样时，要在烧杯的相同深度或位置上取上清液，并避免把沉淀的矾花扰动起来。

实验四　过滤与反冲洗实验

一、实验目的

（1）观察过滤及反冲洗现象，进一步了解过滤及反冲洗原理。

（2）掌握实验的操作方法。

（3）掌握滤池工作中主要技术参数的测定方法。

二、实验原理

1. 水过滤原理

水的过滤是根据地下水通过地层过滤形成清洁井水的原理而创造的处理浑浊水的方法。在处理过程中，过滤一般是指以石英砂等颗粒状滤料层截留水中悬浮杂质，从而使水达到澄清的工艺过程。过滤是水中悬浮颗粒与滤料颗粒间黏附作用的结果。黏附作用主要决定于滤料和水中颗粒的表面物理化学性质，当水中颗粒迁移到滤料表面上时，在范德华引力和静电引力以及某些化学键和特殊的化学吸附力作用下，它们被黏附到滤料颗粒的表面上。此外，某些絮凝颗粒的架桥作用也同时存在。经研究表明，过滤主要还是悬浮颗粒与滤料颗粒经过迁移和黏附两个过程来完成去除水中杂质的过程。

2. 滤料层的反冲洗

过滤时，随着滤层中杂质截留量的增加，当水头损失增至一定程度时，导致滤池产生水量锐减，或由于滤后水质不符合要求，滤池必须停止过滤，并进行反冲洗。反冲洗的目的是清除滤层中的污物，使滤池恢复过滤能力。滤池冲洗通常采用自上而下的水流进行反冲洗的方法。反冲洗时，滤料层膨胀起来，截留于滤层中的污物在滤层孔隙中的水流剪力作用下，以及在滤料颗粒碰撞摩擦的作用下，从滤料表面脱落下来，然后被冲洗水流带出滤池。反冲洗效果主要取决于滤层孔隙水流剪力，该剪力既与冲洗流速有关，又与滤层膨胀有关。冲洗流速小，水流剪力小；冲洗流速大，使滤层膨胀度增大，滤层孔隙中水流剪力又会降低，因此，冲洗流速应控制适当。

三、实验设备与试剂

（1）设备：过滤实验装置一套（无阀滤池）、浊度仪、200 mL 烧杯、100 mL 烧杯。

（2）试剂：具有一定浊度的污水。

四、实验方法与操作步骤

（1）配置实验废水，测定废水浊度 Z_0。

（2）打开电源，开启水泵，过滤开始。

（3）关闭出水阀门，待水箱中水全部进入无阀滤池后，测定无阀滤池上部液体的浊度 Z_1 及下部液体的浊度 Z_2。

（4）利用真空泵实现反冲洗，测量反冲洗 30 s 后反冲洗废水的浊度为 Z_3（若水箱中水位达不到要求，自行添加适量水）。

（5）关闭水泵、关闭阀门。

五、实验记录与分析

1. 实验记录

（1）记录浊度变化（见表 2-6）。

（2）记录过滤前后、反冲洗前后的水质变化现象。

表 2-6　浊度变化记录

废水浊度 Z_0	滤池上层清液浊度 Z_1	滤池下层清液浊度 Z_2	浊度降低率 A $(Z_1-Z_0)/Z_0$	浊度降低率 B $(Z_2-Z_0)/Z_0$	反冲洗液浊度 Z_3

2. 思考与分析

（1）分析过滤前后、反冲洗前后水质浊度变化的原因。

（2）分析过滤效果的影响因素。

（3）分析反冲洗效果的影响因素。

六、注意事项

（1）水泵不能在无水的情况下运行。

（2）由于进水、出水水箱容量有限，需及时调整各水箱中水位，以免溢出。

实验五　超滤实验

一、实验目的

（1）了解和熟悉超过滤膜分离的工艺过程。

（2）了解膜分离技术的特点。

二、分离机理

根据溶解-扩散模型，膜的选择透过性是由于不同组分在膜中的溶解度和扩散系数不同而造成的。若假设组分在膜中的扩散服从 Fick 定律，则可推出透水速率 F_w 及溶质通过速率 F_s 方程。

1. 透水速率

$$F_w = \frac{D_w c_w V_M (\Delta p - \Delta \pi)}{RT\delta} = A'(\Delta p - \Delta \pi)$$

式中　F_w——透水速率，g/(cm^2·s)；

D_w——水在膜中的扩散系数，cm^2/s；

c_w——水在膜中的浓度，g/cm^3；

V_M——水的偏摩尔体积，cm^3/mol；

Δp——膜两侧的压力差，atm；

$\Delta\pi$——膜两侧的渗透压差，atm；

R——气体常数；

T——温度，K；

δ——膜的有效厚度，cm；

A'——膜的水渗透系数，$A'=\dfrac{D_w c_w V_M}{RT\delta}$，g/(cm² · s · atm)；

2. 溶质透过速率

$$F_s=\frac{D_s K_s \Delta c}{\delta}=\frac{D_s K_s (c_2-c_3)}{\delta}=B\Delta c=B(c_2-c_3)$$

式中 D_s——溶质在膜中的扩散系数，cm²/s；

K_s——溶质在溶液和膜两相中的分配系数；

B——溶质渗透系数；

Δc——膜两侧的浓度差。

有了上述方程，下面建立中空纤维在定态时的宏观方程。料液在管中流动情况如图2-9所示。

取假设条件：

（1）径向混合均匀。

（2）$\pi_A=BX_A$，渗透压正比于摩尔分数。

（3）$N_A \ll N_B$，$X_{A3}\ll 1$，B组分优先通过。

（4）$D_{AM}/K\cdot\delta$，同 X_{A1} 或 K 无关。

（5）$PeB=\dfrac{\bar{U}_0 L}{E}=\infty$，忽略轴向混合扩散。

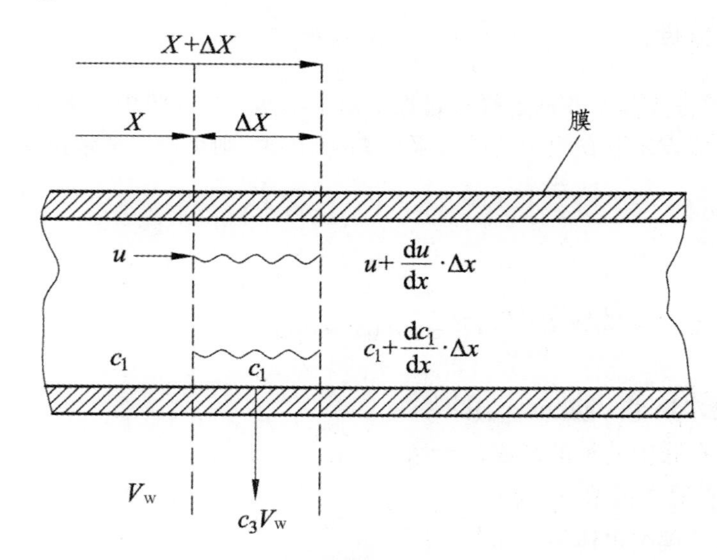

图2-9 料液在管中流动示意图

由假设看出，其实质是一维问题，只是侧壁有液体流出的情况，因为关心的是管中组分的浓度分布和平均速度分布，只需做出两个质量衡算方程即可求解。

连续性方程：

$$\frac{\partial c}{\partial t}+\mathrm{div}c\bar{u}=-P$$

$\frac{\partial c}{\partial t}$ → 0（定态）；$\mathrm{div}c\bar{u}$ → $\frac{\mathrm{d}c\bar{u}}{\mathrm{d}x}$（无混合扩散）；$-P$ →（源相）

总流率方程：

$$J_t=A\cdot P-A\cdot\pi_{Al}^0(c_1-c_3)$$

$A\cdot P$ → 压力项；$A\cdot\pi_{Al}^0(c_1-c_3)$ → 渗透项

由以上两方程可推出

$$\frac{\mathrm{d}\bar{u}}{\mathrm{d}x}=\frac{V_w^0[l-r(c_1-c_3)]}{h} \tag{2-3}$$

式中，h 为装填系数。对于圆管：$h=R/2$，R 为圆管半径。

$$V_w^0=\frac{A\cdot P}{c}$$

$$r=\frac{\pi_{Al}^0}{P}$$

由溶质 A 的连续性方程

$$\frac{\partial c_A}{\partial t}+\mathrm{div}c_A\bar{u}=-P_A'$$

可推出

$$\frac{-\mathrm{d}\bar{u}c_1}{\mathrm{d}x}=\frac{c_3V_w}{h} \tag{2-4}$$

实际工作中更关心的是回收率，$\Delta=1-\frac{\bar{u}}{u_0}$，因此需要将式（2-3）和式（2-4）转化为 Δ 和 c_1 的方程。

$$\frac{\mathrm{d}\Delta}{\mathrm{d}x}=-\frac{\mathrm{d}\bar{u}}{\mathrm{d}x}=-\frac{h}{V}\frac{\mathrm{d}\bar{u}}{\mathrm{d}x}=[1-r(c_1-c_3)] \tag{2-5}$$

$$\rightarrow \bar{u}\frac{\mathrm{d}c_1}{\mathrm{d}x} = -(c_1 - c_3)\frac{\mathrm{d}\bar{u}}{\mathrm{d}x}$$

$$\rightarrow \frac{\mathrm{d}c_1}{\mathrm{d}x} = \frac{c_1 - c_3}{1-\Delta}\cdot\frac{\mathrm{d}\Delta}{\mathrm{d}x} \tag{2-6}$$

由流率方程可推出 c_1 与 c_3 的关系为

$$c_1 = c_3\left\{1 + \frac{1}{rc_3+\theta}\exp\left[\frac{1}{\lambda(rc_3+\theta)}\right]\right\} \tag{2-7}$$

$$\lambda = \frac{D/L}{D_{\mathrm{AM}}/K\delta}$$

式中

$$\theta = \frac{D_{\mathrm{AM}}/K\delta}{V_{\mathrm{M}}^{0}}$$

式（2-5）、式（2-6）为非线性方程，一般只能在特定条件下求得数值解。但当 $r=0$ 时，则化为线性微分方程，可求得解析解。

三、实验设备、流程和仪器

1. 主要设备

中空纤维超滤组件如图 2-10 所示。

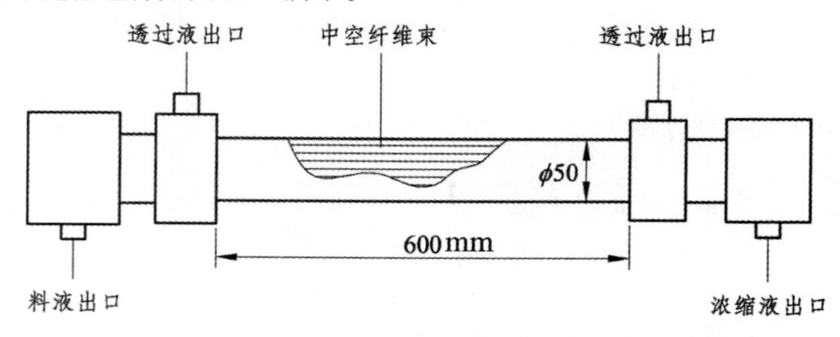

图 2-10　中空纤维超滤器示意图

组件技术指标：

截留分子量：6000；膜材料：聚砜；流量范围：10 ~ 50 L/h；操作压力：<0.2 MPa；适用温度：5 ~ 30 °C；膜面积：0.5 m^2；组件外形尺寸：ϕ50×640 mm；pH：1 ~ 14；材质：全不锈钢（1Cr18Ni9Ti）；装置外形尺寸：长×宽×高 = 960 mm×500 mm×1 800 mm；泵：磁力泵（严禁空转）；电压：380 V，50 Hz；精滤器滤芯：材质为聚砜，精度 5 ~ 10 μm，阻力增大，可以反吹。

2. 工艺流程

工艺流程如图 2-11 所示。

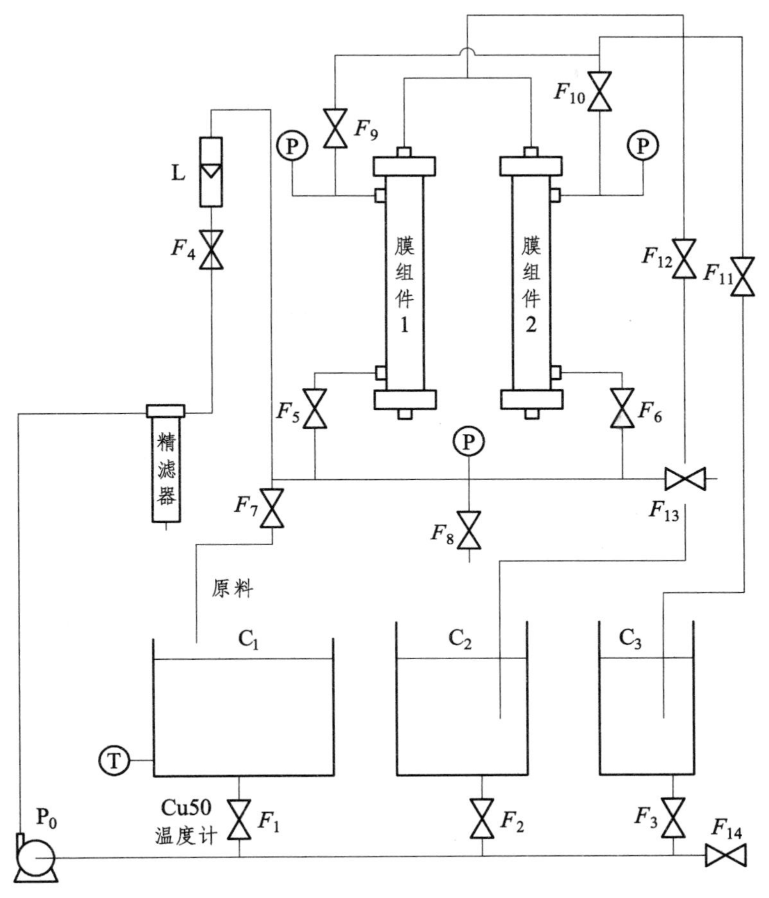

C_1—原料液储槽；C_2—浓缩液储槽；C_3—透过液液灌；F_1、F_2、F_3—C_1、C_2和C_3的排液阀；F_4—C_1和C_2的出口阀；
F_5、F_6—组件1和2的入口阀；F_7—排液阀；F_8—保护液阀；F_9、F_{10}—组件1和2出口调节阀；
F_{11}—透过液取样阀；F_{12}—浓缩液取样阀；F_{13}—浓缩液循环阀；F_{14}—排放阀；
P—压力表；L—玻璃转子流量计；P_0—液体输送泵。

图 2-11　工艺流程

3. 主要仪器

722 型分光光度计，用于分析聚乙二醇浓度。

四、实验方法与步骤

1. 实验方法

将预先配制的聚乙二醇料液在 0.04 MPa 压力和室温下，进行不同流量的超过滤实验（实验点由指导老师指定）；30 min 时，取分析样品。取样方法：从原料液储槽中用移液管取 5 mL 浓缩液入 50 mL 容量瓶中，与此同时在透过液出口端（F_{11}处）用 100 mL 烧杯接取透过液 50 mL，然后用移液管从烧杯中取 10 mL 放入另一容量瓶中。两容量瓶的样品进行比色测定聚乙二醇的浓度。烧杯中剩余透过液和透过液储罐中透过液全部倾入原料液储槽中，混匀。然后进行下一个流量实验。

2. 操作步骤

（1）722 型分光光度计通电预热 20 min 以上。

（2）放出超滤组件中的保护液。为防止中空纤维膜被微生物侵蚀而损伤，非工作期间，在超滤组件内加入保护液。在实验前，须将保护液放净。

（3）清洗超滤组件。为洗去残余的保护液，用自来水清洗 2 ~ 3 次，然后放净清洗液。

（4）检查实验系统阀门开关状态。使系统各部门的阀门处于正常运转的“开”或“关”状态。

（5）将配制的聚乙二醇料液加入原料液储槽中计量，记录聚乙二醇的体积。用移液管取料液 5 mL 放入容量瓶（50 mL）中，以测定原料液的初始浓度。

（6）泵内注液。在启动泵之前，须向泵内注满原料液。

（7）启动液体输送泵稳定运转 20 min 后，按“实验方法”进行条件实验，做好记录。数据取足即可停泵。

（8）清洗超滤组件。待超滤组件中的聚乙二醇溶液放净以后，用自来水代替原料液，在较大流量下运转 20 min 左右，清洗组件中残余聚乙二醇溶液。

（9）加保护液。如果 10 h 以上不使用超滤组件，须加入保护液至组件的 1/2 高度。然后密闭系统，避免保护液损失。

（10）将仪器清洗干净，放在指定位置；切断分光光度计的电源。

五、数据处理

（1）按表 2-7 记录实验条件和数据。

表 2-7 实验条件和数据记录表

压力（表压）：_______MPa 温度：____°C 日期：___年____月____日

实验序号	起止时间	浓度/（$mg \cdot L^{-1}$）			流量/（$L \cdot min^{-1}$）	
		原料液	浓缩液	透过液	浓缩液	透过液

（2）数据处理。

聚乙二醇 PVA 的脱除率：

$$f=\frac{\text{原料液初始浓度}-\text{透过液浓度}}{\text{原料液初始浓度}}\times 100\%$$

附：聚乙二醇分析方法

（1）分析试剂及物品。

聚乙二醇：MW20000，500 g；冰乙酸：化学纯，500 mL；碱式硝酸铋：化学纯，500 g；碘化钾：化学纯，500 g；醋酸钠：化学纯，500 g；蒸馏水；棕色容量瓶：100 mL 两个；容量瓶：500 mL 一个、1 000 mL 一个、100 mL 十个；移液管：50 mL 一支、5 mL 两支；量液管：5 mL 一支；量筒：250 mL 一个、10 mL 两个；工业滤纸若干。

（2）发色剂配制。

A 液：准确称取 1.600 g 碱式硝酸铋置于 100 mL 容量瓶中，加冰乙酸 20 mL，蒸馏水稀释至刻度。

B 液：准确称取 40 g 碘化钾置于 100 mL 棕色容量瓶中，蒸馏水稀释至刻度。

Dragendoff 试剂：量取 A 液、B 液各 5 mL 置于 100 mL 棕色容量瓶中，加冰乙酸 40 mL，蒸馏水稀释至刻度。有效期为十年。

醋酸缓冲液的配制：称取 0.2 mol/L 醋酸钠溶液 590 mL 及 0.2 mol/L 冰乙酸溶液 410 mL 置于 1 000 mL 容量瓶中，配制成 pH4.8 醋酸缓冲液。

（3）分析操作。

用比色法测量原料液、透过液和浓缩液的浓度。

仪器——722 型分光光度计，使用前认真阅读说明书。

开启分光光度计电源，将测定波长置于 510 mm 处，预热 20 min。

绘制标准曲线：准确称取在 60 °C 下干燥 4 h 的聚乙二酸 1.000 g 溶于 1 000 mL 容量瓶中，分别吸取聚乙二醇溶液 0.5 mL、1.5 mL、2.5 mL、3.5 mL、4.5 mL 稀释于 100 mL 容量瓶内配制成浓度为 5 mg/L、15 mg/L、25 mg/L、35mg/L、45 mg/L 的聚乙二醇标准溶液。再各取 50 mL 加入 100 mL 容量瓶中，分别加入 Dragendoff 试剂及醋酸缓冲液各 10 mL，蒸馏水稀释至刻度，放置 15 min。在波长 510 nm 下，用 1 cm 比色池，在 722 型分光光度计上测定光密度，蒸馏水为空白。以聚乙二醇浓度为横坐标，光密度为纵坐标作图，绘制出标准曲线。

取试样 50 mL 置于 100 mL 容量瓶内，用与标准曲线操作相同的方法测试样光密度值，绘制出标准曲线。

实验六　活性炭吸附实验

一、实验目的

活性炭处理工艺是运用吸附的方法以去除异味、某些离子以及难进行生物降解的有机污染物。在吸附过程中，活性炭比表面积起着主要作用。同时，被吸附物质在溶剂中的溶解度也直接影响吸附的速度。此外，pH 的高低、温度的变化和被吸附物质的分散程度也对吸附速度有一定的影响。

本实验采用吸附柱连续吸附的方法，通过本实验确定活性炭对水中所含某些杂质的吸附能力。希望达到下述目的：

（1）掌握吸附实验的基本操作过程。

（2）加深理解吸附的基本原理。
（3）掌握穿透曲线的测定和绘制方法。

二、实验原理

本实验装置为三根活性炭吸附柱。在吸附柱内装填颗粒活性炭。吸附是一种物质附着在另一种物质表面的过程。当活性炭对水中所含杂质吸附时，水中的溶解性杂质在活性炭表面积聚而被吸附，同时也有一些被吸附物质，由于分子的运动而离开活性炭表面，重新进入水中，即发生解吸现象。当吸附和解吸处于动态平衡状态时，称为吸附平衡，这时活性炭和水之间的溶质浓度分配比例处于稳定状态。有些物质脱附后需定时从塔内活性炭中排出，这时用气、水反冲办法是最好的解决方法。

活性炭的良好吸附效果，能有效去除水中的有机物、除色、除臭味物质。

当用活性炭装入吸附柱，以不同时间流出液中溶质浓度（可用吸光度代替）为纵坐标，以通过此柱的液体的体积或时间为横坐标作图，从而得到穿透曲线。

当吸附质浓度为 C_0 的废水进入吸附柱后，在起初一段时间内，出水浓度为零。到出水中出现吸附质时，该时刻便为吸附柱的穿透点。此后，如果废水继续通过，则最终会出现出水浓度与进水浓度相等或二者保持一很小差值的现象。

测定吸附柱的穿透曲线，在工程应用中对于了解吸附柱的吸附能力有较大的意义。

三、实验设备与试剂

仪器：活性炭吸附实验装置（带活性炭）、可见光分光光度计（带玻璃比色皿 4 个）。
材料：锥形瓶、漏斗、擦镜纸（2 本）、滤纸（一盒）。
试剂：甲基绿（120 μg/mL）。

四、实验方法与操作步骤

1. 实验废水的准备

（1）检查关闭以下阀门：
① 进水箱和出水箱的排空阀门；
② 进水流量计的调节阀。
（2）将 120 μg/mL 的甲基绿实验废水倒入进水箱。

2. 吸附实验

（1）设计吸附实验的流量和吸附时间（如 3 mL/min，10 min 测一次直至穿透），从开始到穿透，至少应测定 8 次数据。

（2）插上进水泵电源插头，水泵开始工作，慢慢打开流量计调节阀，让流量转子处于 1/2 高度。慢慢打开最后一根活性炭柱的下端出水阀（不要开大），开至出水流量与进水流量基本平衡（流量计转子基本上处于 1/2 高度）。然后调节流量计至所需要的实验流量。

（3）试验水动态流经三个活性炭柱一定时间后，慢慢打开第一、二根活性炭柱下端出水阀，分别取第一、二、三根活性炭柱的出水，在 580 nm 测定吸光度（A_1，A_2，A_3，…，A_n）。

（4）整个实验过程中，如果出现活性炭柱上端积累空气太多的现象，可打开上端的排气阀，排出多余空气后关闭阀门。

3. 实验完毕后的整理

（1）实验结束，首先关闭第三根活性炭柱的出水阀。

（2）拔掉进水箱的电源插头。

（3）注入自来水至进水箱。

（4）开启进水泵，开启流量计调节流量至最大，开启第三根活性炭柱的出水阀 1/3 左右，让自来水清洗三个活性炭柱。

（5）当第三个活性炭柱的出水洁净时，关闭出水阀，关闭流量计，关闭进水泵。

（6）防控进水箱和出水箱的积水，待下次实验备用。

五、实验记录与分析

1. 实验记录（见表 2-8）

表 2-8　实验记录

流量/(m^3/s)：________________　甲基绿初始浓度(mg/L)：________________

时间/s	吸光度	时间/s	吸光度
0		70	
10		80	
20		90	
30		100	
40		110	
50		120	
60		130	

2. 实验分析

根据实验数据，绘制穿透曲线。

六、思考

（1）以吸光度值代替浓度值为纵坐标绘制穿透曲线，有何不同？

（2）根据环境监测的相关知识，请设计甲基绿溶液的浓度测定方法。

实验七　离子交换实验

一、实验目的和要求

离子交换法是一种借助于离子交换剂上的离子和废水中的离子进行交换反应而除去废水中有害离子的方法。离子交换是一种特殊吸附过程，通常是可逆性化学吸附，其特点是吸附水中离子化物质，并进行等电荷的离子交换。

离子交换剂分无机离子交换剂（如天然沸石、人工合成沸石）以及有机离子交换剂（如磺化煤和各种离子交换树脂）。

在应用离子交换法进行水处理时，需要根据离子交换树脂的性能设计离子交换设备，决定交换设备的运行周期和再生处理。通过本实验希望达到下述目的：

（1）加深对离子交换基本理论的理解；学会离子交换树脂的鉴别。

（2）学会离子交换设备操作方法。

（3）学会使用手持式盐度计，掌握 pH 计、电导率仪的校正及测量方法。

二、实验内容和原理

由于离子交换树脂具有交换基因，其中的可游离交换离子能与水中的同性离子进行等当量交换。

用酸性阳离子交换树脂除去水中阳离子，反应式如下：

$$nRH + M^{+n} \rightarrow Rn^{M} + nH^{+}$$

式中　M——阳离子；

n——离子价数；

R——交换树脂。

用碱性阴离子交换树脂除去水中的阴离子，反应式如下：

$$nROH + Y^{-n} \rightarrow R^{n}Y + nOH^{-}$$

式中　Y——阴离子。

离子交换法是固体吸附的一种特殊形式，因此也可以用解吸法来解吸，进行树脂再生。

本实验采用自来水为进水，进行离子交换处理。因为自来水中含有较多量的阴、阳离子，如 Cl^{-}，NH_4^{+}，Ca^{2+}，Mg^{2+}，Fe^{3+}，Al^{3+}，K^{+}，Na^{+}等。在某些工农业生产、科研、医疗卫生等工作中所用的水，以及某些废水深度处理过程中，都需要除去水中的这些离子。而采用离子交换树脂来达到目的是可行的方法。

本实验采用测量水中电导率值或盐度的方法来间接地、近似地表示离子的去除情况。

三、主要仪器设备

离子交换树脂的鉴别：

30 mL 试管数支；吸管 1 支；5 mL 移液管数支；废液缸一个；1 mol/L HCl 溶液；5 mol/L NH_4OH 溶液；1 mol/L NaOH 溶液；10%$CuSO_4$ 溶液；酚酞指示剂；甲基红指示剂。

离子交换树脂对水中离子的交换作用：

烧杯 50 mL 5 只；METTLER TOLEDO 326 电导率仪 1 台；PHS-9V 型酸度计一台；手握式盐度计一支；清水；模拟废水；流量计；砂滤柱；阳树脂柱；阴树脂柱；混合树脂柱装置一套。

交换柱有效值：ϕ = 9 cm，h = 100 cm。

离子交换实验装置流程如图 2-12 所示。

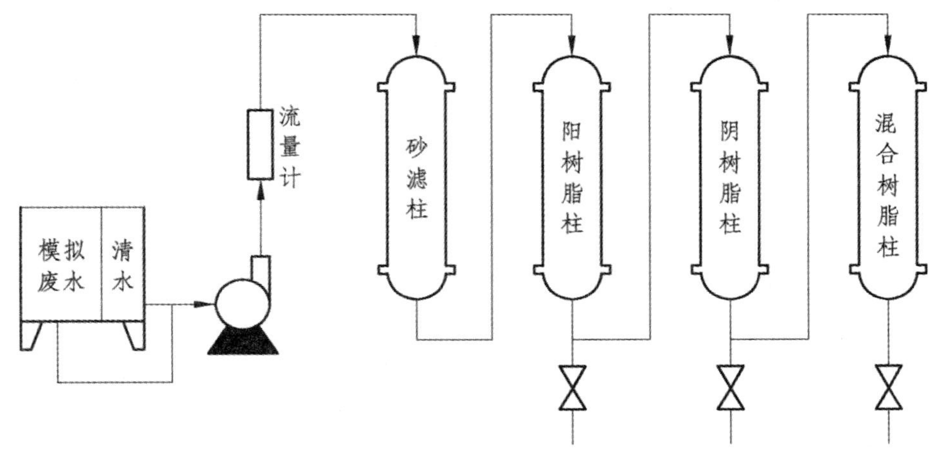

图 2-12 离子交换实验装置流程

四、操作方法和实验步骤

➢ 离子交换树脂的鉴别

第一步：

（1）取试样树脂 2 g，置于 20 mL 试管中，用吸管吸去树脂的附着水。

（2）加入 1 mol/L HCl 5mL，摇动 1 ~ 2 min，将上部清液吸去，重复操作 2 ~ 3 次。

（3）加入纯水，摇动后将上部清液吸去，重复操作 2 ~ 3 次。

（4）加入 10% $CuSO_4$ 5 mL，摇动 1 min，按（3）充分用纯水清洗。

第二步：

经过第一步处理，如树脂变为浅绿色，加入 5 mol/L NH_4OH 2 mL，摇动 1 min，用纯水充分清洗。如树脂经处理后，颜色加深（深蓝）则为强酸性阳离子交换树脂。如树脂保持浅绿颜色不变，则为弱碱性阴离子交换树脂。

第三步：

经第一步处理后，如树脂不变色，则：

（1）加入 1 mol/L NaOH 5 mL，摇动 1 min 后用纯水充分清洗干净。

（2）加入酚酞 5 滴，摇动 1 min，用纯水充分清洗。

（3）经此处理后，树脂呈红色，则为强碱性阴离子交换树脂。

第四步：

经第三步处理后，树脂不变色，则：

（1）加入 1 mol/L HCl 5 mL，摇动 1 min，然后用纯水清洗 2～3 次。

（2）加入 5 滴甲基红，摇动 1 min，用纯水充分清洗。

（3）经处理后，树脂呈桃红色，则为弱酸性阳离子交换树脂；如树脂不变色，则该树脂无离子交换能力。

➢ 离子交换树脂对水中离子的交换作用

（1）熟悉离子交换柱的流程、阀门的位置和开阀的次序。

（2）测定原水 pH、电导率，记入表 2-9 中。

（3）打开进水阀，调节进水流量，分别在 50 L/h、20 L/h 进水流量下进行实验。

（4）在相应的进水流量分别稳定 30min、55 min 后，分别取进水水样、阳树脂柱出水水样、阴树脂柱出水水样、混合树脂柱出水水样各 20 mL。测定各水样的 pH、电导率、盐度。

五、实验数据记录和处理

1. 离子交换实验数据记录（见表 2-9）

表 2-9 离子交换实验数据记录

实验日期：______年______月______日

原水特性：温度______°C pH：________ 电导率：__________μS/cm 盐度：_______ppm

交换柱水流速度	出水水质								
	阳离子交换柱			阴离子交换柱			阴阳离子交换柱		
	盐度/ppm	pH	电导率/（μS/cm）	盐度/ppm	pH	电导率/（μS/cm）	盐度/ppm	pH	电导率/（μS/cm）
50 L/h									
20 L/h									

2. 离子交换柱对出水盐度、pH 值、电导率的影响规律分析

$$盐度去除率=\frac{原水样盐度-交换柱出水样盐度}{原水样盐度}\times 100\%$$

六、实验结果与分析

（1）离子交换树脂的鉴别：鉴别各类离子交换树脂的具体方法步骤与产生的反应结果。

（2）不同离子交换柱出水性质变化探讨分析。

（3）不同流量对交换柱出水性质的影响探讨。

（4）水样盐度与电导率关系分析。

实验八 活性污泥的生物相形态观察实验

一、目的与要求

（1）观察活性污泥的性状和微生物种类。
（2）测定污泥沉降比。
（3）初步判断污水生物处理的净化效果。

二、基本原理

活性污泥中生物相较复杂，以细菌、原生动物为主，同时还有真菌、后生动物等。某些细菌能分泌胶黏物质，形成菌胶团，进而组成污泥絮绒体（绒粒）。在正常的成熟污泥中，细菌大多集中于菌胶团絮绒体中，游离细菌较少，此时，污泥絮绒体可具有一定形状，结构稠密、折光率强、沉降性好。原生动物常作为污水净化指标，当固着型纤毛虫占优势时，一般认为污水处理效果较好。丝状微生物构成污泥絮绒体的骨架，少数伸出絮绒体外，当其大量出现时，常可造成污泥膨胀或污泥松散，使污泥池运转失常。当后生动物如轮虫等大量出现时，表明污泥极度衰老，净化处理效果差。

三、实验材料和用具

（1）某污水处理厂的活性污泥。
（2）量筒（100 mL）、载玻片、盖玻片、滴管。
（3）显微镜。

四、实验内容及步骤

（一）测污泥沉降比（SV_{30}）

肉眼观察，取曝气池的混合液置于 100 mL 量筒内，直接观察活性污泥在量筒中呈现的絮绒体外观及其沉降性能（沉降 30 min 后的污泥体积）。

（二）观察活性污泥生物相

1. 制备水浸片

取活性污泥混合液 1～2 滴滴于载玻片上，加盖玻片制成水浸标本片。

2. 显微镜观察

低倍镜观察：观察生物相的全貌，要注意污泥结构松紧程度、菌胶团和丝状菌的比例及生长状况，观察微型动物的种类及活动状况，并加以记录和做出必要的描述。

① 污泥絮粒。

污泥絮粒性状是指污泥絮粒的形状、结构、紧密度及污泥中丝状菌的数量。镜检时可把近似圆形的絮粒称为圆形絮粒，与圆形截然不同的称为不规则形状絮粒。絮粒中网状空隙与絮粒外面悬液相连的称为开放结构；无开放空隙的称为封闭结构。絮粒中菌胶团细菌排列致密，絮粒边缘与外部悬液界限清晰的称为紧密的絮粒；边缘界限不清的称为疏松的絮粒。实践证明，圆形、封闭、紧密的絮粒相互间易于凝聚、浓缩，沉降性能良好；反之则沉降性能差。

② 丝状微生物。

活性污泥中的丝状菌数量是影响污泥沉降性能最重要的因素。当污泥中丝状菌占优势时，可从絮粒中向外伸展，阻碍絮粒间的浓缩，使污泥 SV_{30}（污泥沉降比）值和 SVI（污泥体积指数）值升高，造成活性污泥膨胀。根据污泥中丝状菌与菌胶团细菌的比例，可将丝状菌分成如下五个等级：

0 级：污泥中几乎无丝状菌存在；

±级：污泥中存在少量丝状菌；

+级：存在中等数量的丝状菌，总量少于菌胶团细菌；

+ +级：存在大量丝状菌，总量与菌胶团细菌大致相等；

+ + +级：污泥絮粒以丝状菌为骨架，数量超过菌胶团而占优势。

五、实验记录及报告

（1）将镜检结果填入表 2-10 中。

表 2-10 镜检结果记录

采样地点： 采样时间：

絮体形态	圆形、不规则形
絮体结构	开放；封闭
絮体紧密度	紧密；疏松
丝状菌数量	0；±；+；++；+++
游离细菌	几乎不见；少；多
优势种动物名称及状态描述	
其他动物种名称	
污泥沉降比（SV_{30}）	

（2）根据活性污泥的性状和动物种类判断污水生物处理的净化效果。

实验九　活性污泥性质的测定实验

一、实验目的

（1）加深对活性污泥性能，特别是污泥活性的理解。
（2）掌握几项污泥性质的测定方法。
（3）掌握水分快速测定仪的使用。

二、实验原理

活性污泥是人工培养的生物絮凝体，它是由好氧微生物及其吸附的有机物组成的。活性污泥具有吸附和分解废水中的有机物（也有些可利用无机物质）的能力，显示出生物化学活性。在生物处理废水的设备运转管理中，除用显微镜观察外，污泥沉降比（SV）、污泥浓度（MLSS）、污泥体积指数（SVI）、污泥灰分和挥发性污泥浓度（MLVSS）也是重要的污泥性质指标，反映了污泥的活性，与剩余污泥排放量及处理效果等有密切关系。

三、实验设备

（1）水分快速测定仪 1 台。
（2）真空过滤装置 1 套。
（3）秒表 1 块。
（4）分析天平 1 台。
（7）定量滤纸数张。
（8）1 000 mL 量筒 4 个。
（9）500 mL 烧杯 2 个。
（10）玻璃棒 2 根。
（11）烘箱 1 台。

四、实验步骤

（1）污泥沉降比（SV）（%）：取混合均匀的泥水混合液 100 mL 置于 100 mL 量筒中，静置 30 min 后，观察沉降的污泥占整个混合液的比例，记下结果。

（2）污泥浓度（MLSS）：就是单位体积的曝气池混合液中所含污泥的干重，实际上是指混合液悬浮固体的数量，单位为 mg/L。

① 测定方法。

a. 将滤纸放在 105 °C 烘箱中干燥至恒重，称量并记录（W_1）。

b. 将该滤纸剪好平铺在布氏漏斗上（剪掉的部分滤纸不要丢掉）。

c. 将测定过沉降比的 100 mL 量筒内的污泥全部倒入漏斗，过滤（用水冲净量筒，并将水也倒入漏斗）。

d. 将载有污泥的滤纸移入烘箱（105 °C）或快速水分测定仪中烘干至恒重，称量并记录（W_2）。

② 计算。

污泥浓度（g/L）=[（滤纸质量+污泥干重）−滤纸质量]×10/污泥体积

（3）污泥体积指数（SVI）：污泥体积指数全称污泥容积指数，是指曝气池混合液经 30 min 静沉后，1 g 干污泥所占的容积（单位为 mL/g）。计算式如下：

$$\mathrm{SVI}=\frac{\mathrm{SV}(\%)\times 10(\mathrm{mL/L})}{\mathrm{MLSS}(\mathrm{g/L})}$$

SVI 值能较好地反映出活性污泥的松散程度（活性）和凝聚、沉淀性能，一般在 100 左右为宜。

（4）污泥灰分和挥发性污泥浓度（MLVSS）：挥发性污泥就是挥发性悬浮固体，它包括微生物和有机物，干污泥经灼烧后（600 °C）剩下的灰分称为污泥灰分。

① 测定方法。

先将已知恒重的磁坩埚称量并记录（W_3），再将测定过污泥干重的滤纸和干污泥一并放入磁坩埚中，先在普通电炉上加热碳化，然后放入马弗炉内（600 °C）烧 40 min，取出放入干燥器内冷却，称量（W_4）。

② 计算。

污泥灰分 = 灰分质量/干污泥质量×100%

MLVSS =（干污泥质量−灰分质量）/100×1 000（g/L）

在一般情况下，MLVSS/MLSS 的比值较固定，对于生活污水处理池的活性污泥混合液，其比值常在 0.75 左右。

五、实验结果整理

$$\mathrm{MLSS}=\frac{W_2-W_1}{V}(\mathrm{g/L})$$

式中 W_1——滤纸的净重，mg；

W_2——滤纸及截留悬浮物固体的质量之和，mg；

V——水样体积，L。

$$\mathrm{MLVSS}=[(W_2-W_1)-(W_4-W_3)]/V(\mathrm{mg/L})$$

式中 W_3——坩埚质量，mg；

W_4——坩埚与无机物总质量，mg。

其余同上式

$$\mathrm{SVI}=\mathrm{SV}\ (\%)\times 10\ /\ \mathrm{MLSS}\ (\mathrm{g/L})$$

试验测定结果如表 2-11 所示。

表 2-11　活性污泥性能测定

项目	W_1/mg	W_2/mg	（W_2-W_1）/mg	SV/%	MLSS/（mg/L）	SVI/（mL/g）
数值	279.4	473.7	194.3	36	1943	185

六、注意事项

（1）测定坩埚质量时，应将坩埚放在马弗炉中灼烧至恒重为止。
（2）由于实验项目多，实验前准备工作要充分，不要弄乱。
（3）仪器设备应按说明调整好，使误差减小。

七、思考题

（1）活性污泥吸附性能指的是什么？它对污水底物的去除有何影响？试举例说明。
（2）影响活性污泥吸附性能的因素有哪些？
（3）简述活性污泥吸附性能测定的意义。

实验十　废水可生物降解性能实验

一、实验目的和要求

根据微生物的降解性能，有机污染物可分为三种类型。第一类是可生物降解的有机污染物，第二类是难生物降解的有机污染物，第三类是不可生物降解的有机污染物。考虑到毒性，第一、第二类有机污染物又可分为四种类型：① 能够为微生物所降解，而且对微生物的生理功能无抑制作用的有机污染物；② 能够为微生物所降解，但对微生物有毒害作用的有机污染物；③ 难于为微生物所降解，但对微生物无毒害作用的有机污染物；④ 难于为微生物所降解，而且对微生物有毒害作用的有机污染物。上述四种类型的有机污染物中，第一类适宜于采用生物处理技术进行处理。第二类经过对微生物做一定时间的驯化，有可能采用生物处理技术进行处理。第三类也有可能采用生物处理技术进行处理，但必须对微生物进行较长时间的诱导驯化。第四类不宜采用生物处理技术进行处理。

本实验通过测定微生物的呼吸耗氧特性来确定某种废水是否具有进行生化处理的可能性。

二、实验内容和原理

微生物降解有机污染物的物质代谢过程中所消耗的氧包括两部分：（1）氧化分解有机物，使其分解为 CO_2、H_2O、NH_3（存在含氮有机物时）等为合成新细胞提供能量；

（2）供微生物进行内源呼吸，使细胞物质氧化分解。以下反应式可以说明物质代谢过程中的这一关系。

$$8CH_2O+3O_2+NH_3 \rightarrow C_5H_7NO_2+3CO_2+6H_2O$$

$$3CH_2O+3O_2 \rightarrow 3CO_2+3H_2O+\text{能量}$$

$$5CH_2O+NH_3 \rightarrow C_5H_7NO_2+3H_2O$$

从以上反应式可以看到：约 1/3 的 CH_2O（酪蛋白）被微生物氧化分解为 CO_2、H_2O，同时产生能量供微生物合成新的细胞，这一过程要消耗氧。

$$\text{内源呼吸：} C_5H_7NO_2+5O_2 \rightarrow 5CO_2+NH_3+2H_2O$$

由以上反应式可以看到，内源呼吸过程氧化 1 g 微生物需要的氧量为：1.42 g（$5O_2/C_5H_7NO_2 = 100/113 = 1.42$），微生物进行物质代谢过程的需氧速率可以用下式表示：

$$\text{总的需氧速率} = \text{合成细胞的需氧速率} + \text{内源呼吸的需氧速率}$$

即

$$\left(\frac{dO}{dt}\right)T = \left(\frac{dO}{dt}\right)F + \left(\frac{dO}{dt}\right)e$$

上式中三项分别为：总的需氧速率[mg/（L・min）]；降解有机物，合成新细胞的耗氧速率[mg/（L・min）]；微生物内源呼吸需氧速率[mg/（L・min）]。

采用华氏呼吸器来测定微生物在以某种废水中的有机物为呼吸基质，进行呼吸过程氧气的消耗量和二氧化碳的产量，就可以间接地知道微生物对该废水中有机物的降解情况。再与一个不加呼吸基质的呼吸反应相比较，从而确定该废水是否可以采用生化方法来进行处理。

呼吸反应可用图 2-13 来表示：

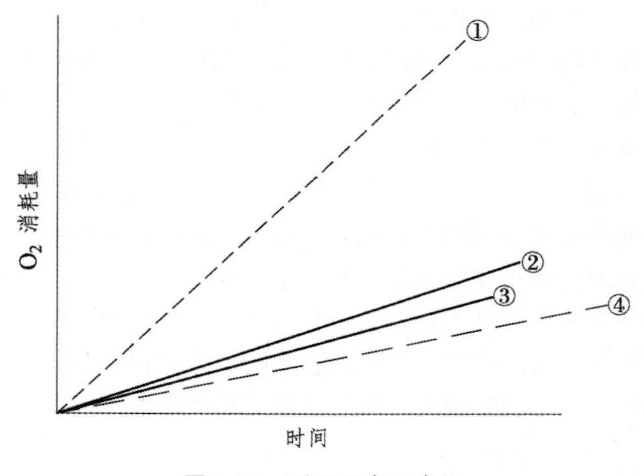

图 2-13　呼吸反应示意图

图中曲线③为不加呼吸基质（被测废水）的呼吸反应，即属微生物的内源呼吸反应。当被测废水得到了如①那样的曲线时，则说明该废水中含有较多的有机物质并且能被微生物作为呼吸基质来利用，故得到了一条较高于曲线③的曲线。当被测量废水得到的曲线是类似②曲线时，则说明废水中能被微生物利用的物质不多，故只是得到了一条稍高于曲线③的曲线，则说明该废水不宜做生化处理。当被测废水得到的是一条低于曲线③的曲线时（如曲线④），即说明该废水中含有一些能对微生物进行抑制或毒害的物质，从而抑制了微生物的正常呼吸作用，故得到一条低于曲线③的曲线，这种废水当然不能做生化处理。因此通过微生物对废水的呼吸反应的测定，就能快速、简便地测出某种废水的可生化性程度。

三、主要仪器设备

（一）实验装置

本实验通过测定反应器混合溶液中溶解氧的变化，获得微生物的氧消耗量，从而得到微生物的呼吸耗氧曲线，就能快速、简便地判断某种废水的可生化性程度，实验装置如图 2-14 所示。

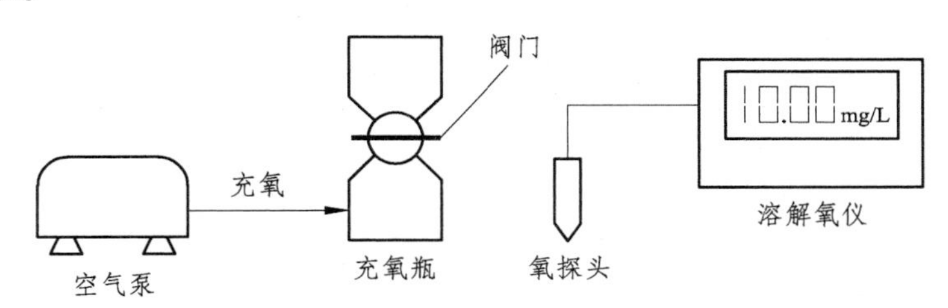

图 2-14　废水可生化性测定实验装置示意图

（二）实验设备及仪器

655 mL 生化反应器 4 个；空气泵 1 台；溶解氧测定仪 1 台；时钟 1 个；100 mL 量筒；磺基水杨酸、分散蓝、营养液及自来水。

四、操作方法和实验步骤

（1）将活性污泥曝气一段时间，使其中的微生物处于饥饿状态。

（2）取 4 个生化反应器，打开阀门，分别加入 550 mL 自来水、磺基水杨酸、分散蓝废水和营养液。

（3）将活性污泥静止一段时间，并去除上清液；各取污泥 100 mL 分别加入 4 个反应器中，测定各反应器中的溶解氧浓度。

（4）关闭反应器阀门，20 min 后打开阀门，再测定各反应器中的溶解氧浓度，关闭反应器阀门。

（5）每隔 20 min 打开阀门后迅速测定一次各反应器中混合液的溶解氧浓度。

（6）记录每次测定溶解氧浓度，并计算耗氧速率。

五、实验数据记录和处理（见表 2-12、表 2-13）

表 2-12　废水可生化性测定实验——溶解氧数据表

自来水溶液		营养液		分散蓝溶液		磺基水杨酸溶液	
时间/min	溶解氧浓度/（mg/L）	时间/min	溶解氧浓度/（mg/L）	时间/min	溶解氧浓度/（mg/L）	时间/min	溶解氧浓度/（mg/L）
0		0		0		0	
20		20		20		20	
40		40		40		40	
60		60		60		60	
80		80		80		80	
100		100		100		100	

表 2-13　废水可生化性测定实验——耗氧量数据表

自来水溶液		营养液		分散蓝溶液		磺基水杨酸溶液	
时间/min	耗氧量/（mg/L）	时间/min	耗氧量/（mg/L）	时间/min	耗氧量/（mg/L）	时间/min	耗氧量/（mg/L）
0		0		0		0	
20		25		25		20	
40		40		40		40	
60		60		60		60	
80		80		80		80	
100		100		100		100	

六、实验结果与分析

活性污泥微生物呼吸曲线与耗氧曲线分析。

实验十一　污泥比阻测定实验

一、实验目的

（1）掌握用布氏漏斗污泥比阻的测定方法。
（2）了解不同污泥的过滤比阻，并掌握判断污泥过滤性能强弱的判定方法。

二、实验原理

1. 原理

污泥比阻是表示污泥过滤特性的综合性指标，它的物理意义是：单位质量的污泥在一定压力下过滤时在单位过滤面积上的阻力。求此值的作用是比较不同的污泥（或同一污泥加入不同量的混合剂后）的过滤性能。污泥比阻越大，过滤性能越差。

过滤时滤液体积 V（mL）与推动力 p（过滤时的压强降，g/cm^2）、过滤面积 F（cm^2）、过滤时间 t（s）成正比；而与过滤阻力 R（cm·s^2/mL）、滤液黏度 μ[g/（cm·s）]成反比。

$$V=\frac{pFt}{\mu R} \tag{2-8}$$

过滤阻力包括滤渣阻力 R_z 和过滤隔层阻力 R_g。而阻力随滤渣层的厚度增加而增大，过滤速度则减小。因此将式（2-8）改写成微分形式。

$$\frac{\mathrm{d}V}{\mathrm{d}t}=\frac{pF}{\mu(R_z+R_g)} \tag{2-9}$$

由于 R_g 相对 R_z 来说较小，为简化计算，姑且忽略不计，即

$$\frac{\mathrm{d}V}{\mathrm{d}t}=\frac{pF}{\mu\alpha'\delta}=\frac{pF}{\mu\alpha\dfrac{C'V}{F}} \tag{2-10}$$

式中　α——单位体积污泥的比阻，s^2/mL；

δ——滤渣厚度；

C'——获得单位体积滤液所得的滤渣体积，mL/mL。

如以滤渣干重代替滤渣体积，单位质量污泥的比阻代替单位体积污泥的比阻，则式（2-10）可改写为

$$\frac{\mathrm{d}V}{\mathrm{d}t}=\frac{pF^2}{\mu\alpha CV} \tag{2-11}$$

式中，α 为污泥比阻，在 CGS 制中，其量纲为 s^2/g，在工程单位制中其量纲为 cm/g。

在定压下，在积分界线由 0 到 t 及 0 到 V 内对式（2-11）积分，可得

$$\frac{t}{V}=\frac{\mu\alpha C}{2pF^2}\cdot V \tag{2-12}$$

式（2-12）说明在定压下过滤，t/V 与 V 成直线关系，其斜率为

$$b=\frac{t/V}{V}=\frac{\mu\alpha C}{2pF^2}$$

$$\alpha=\frac{2pF^2}{\mu}\cdot\frac{b}{C}=K\frac{b}{C} \tag{2-13}$$

需要在实验条件下求出 b 及 C，即可计算污泥比阻 α。

2. b 的求法

在定压下（真空度保持不变）测定一系列的 t/V-V 数据，用图解法求斜率（见图 2-15）。

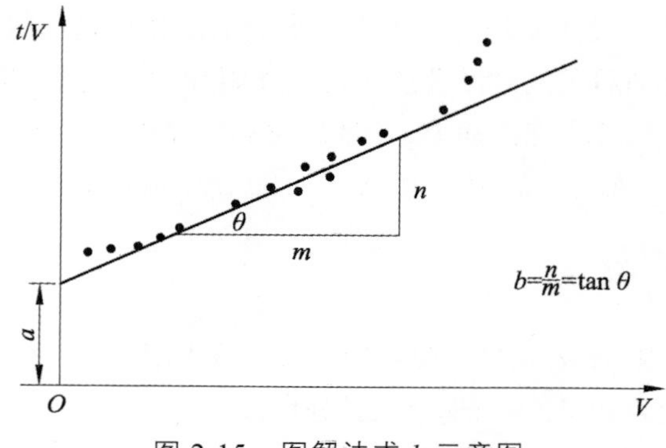

图 2-15　图解法求 b 示意图

3. C 的求法

C 是获得单位体积滤液所得的滤渣质量。

按照定义：

$$C=\frac{(Q_0-Q_y)C_d}{Q_y}\ (\text{g 滤饼干重/mL 滤液}) \tag{2-14}$$

式中　Q_0——污泥量，mL；

Q_y——滤液量，mL；

C_d——滤饼固体浓度，g/mL。

根据液体平衡 $Q_0=Q_y+Q_d$

根据固体平衡 $Q_0C_0=Q_yC_y+Q_dC_d$

式中　C_0——污泥固体浓度，g/mL；

C_y——滤液固体浓度，g/mL；

Q_d——污泥固体滤饼量，mL。

可得　$$Q_y=\frac{Q_0(C_0-C_d)}{C_y-C_d}$$

代入式（2-14），化简后得

$$C=C_d(C_y-C_0)/(C_0-C_d) \tag{2-15}$$

但由于定义式需要测量滤饼的厚度，在试验过程中测量滤饼厚度是非常困难的，故试验中通常用测滤饼含水比的方法求 C 值。

$$C=\frac{1}{\dfrac{100-C_i}{C_i}-\dfrac{100-C_f}{C_f}}\ (\text{g 滤饼干重/mL 滤液}) \tag{2-16}$$

式中　C_i——100 g 污泥中的干污泥量（污泥固体浓度）；

C_f——100 g 滤饼中的干污泥量（滤饼固体浓度）。

例如污泥含水比 97.7%，滤饼含水率为 80%，则 C 值为

$$C=\frac{1}{\frac{100-2.3}{2.3}-\frac{100-20}{20}}=\frac{1}{38.48}=0.026\,0(\text{g/mL})$$

一般认为比阻在 $10^9 \sim 10^{10}\text{s}^2/\text{g}$ 的污泥算作难过滤的污泥，比阻在（$0.5 \sim 0.9$）$\cdot 10^9\text{s}^2/\text{g}$ 的污泥算作中等，比阻小于 $0.4 \cdot 10^9\text{s}^2/\text{g}$ 的污泥容易过滤。

三、实验设备与试剂

（1）实验装置如图 2-16 所示。

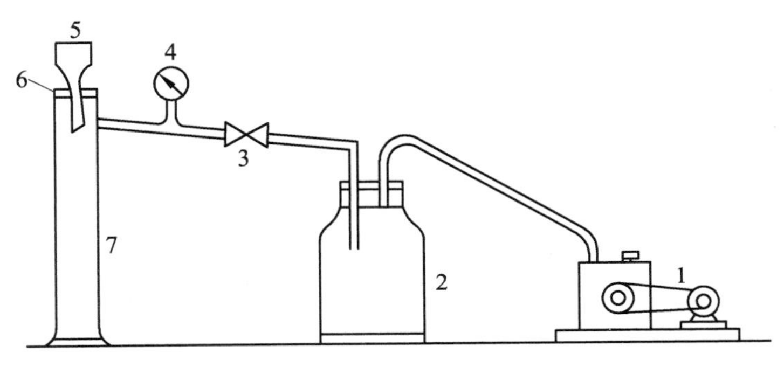

1—真空泵；2—吸滤瓶；3—真空调节阀；4—真空表；
5—布式漏斗；6—吸滤垫；7—计量管。

图 2-16　比阻实验装置

（2）秒表、滤纸。
（3）烘箱。
（4）布氏漏斗。
（5）湖底污泥，试验田土壤。

四、实验方法与操作步骤

（1）将污泥（1 号）中大块的杂质去除，备用。
（2）将试验田土壤（2 号）中的杂质拣出，用水混合均匀，去除多余水分，备用。
（3）取 50 mL 备用的污泥、试验田土壤，测定其含水率，求出其固定浓度 C_i。
（4）在布氏漏斗上（直径 65 ~ 80 mm）放置滤纸，用水润湿，贴紧周底。
（5）开动真空泵，调节真空压力，大约比实验压力小 1/3 [实验时真空压力采用 266 mmHg（35.46 kPa）或 532 mmHg（70.93 kPa）]，关掉真空泵。
（6）加入 50 mL 需实验的污泥于布氏漏斗中，开动真空泵，调节真空压力至实验压力；达到此压力后，开始起动秒表，并记下秒表开始计时起的计量管内的滤液 V_0。
（7）开始过滤时可每隔 15 s 记录计量管内相应的滤液量。滤速减慢后（通常 2 min

后）可隔 30 s 或 60 s 记录计量管内相应的滤液量。

（8）一直过滤至真空破坏，如真空长时间不破坏，则过滤 20 min 后即可停止。

（9）关闭阀门，取下滤饼放入称量瓶内称量。

（10）称量后的滤饼于 105 °C 的烘箱内烘干（2 h）称量。

（11）计算出滤饼的含水比，求出单位体积滤液的固体量 C_i。

五、实验报告记载及数据处理

（1）测定并记录实验基本参数（记录至表 2-14 中）。

① 实验日期；

② 原污泥的含水率及固体浓度 C_i；

③ 实验真空度（单位：mmHg）；

④ 滤饼的含水率及固体浓度 C_f；

⑤ 测定滤液的温度 T，计算滤液动力黏度。

$$\mu\,(\mathrm{Pa\cdot s}) = \frac{0.001\,78}{1 + 0.033\,7 \cdot T + 0.000\,221 \cdot T^2}$$（注意单位换算！）

（2）将布氏漏斗实验所得数据按表 2-15 记录并计算。

（3）以 t/V 为纵坐标，V 为横坐标作图，求 b，并填入表 2-14 中。

（4）根据原污泥的含水率及滤饼的含水率求出 C，并填入表 2-15 中。

（5）列表计算比阻值 α（见表 2-16）。

表 2-14　固体浓度测定及单位体积滤液所得的滤渣体积计算

污泥编号	玻璃皿质量/g	100 mL 污泥+玻璃皿质量/g	烘干后污泥+玻璃皿质量/g	C_i/%	滤纸质量/g	湿滤纸+滤饼质量/g	干滤纸+滤饼质量/g	C_f/%	C/（g/mL）	备注
1										
2										

表 2-15　布氏漏斗实验所得数据

时间/s	计量管滤液量 V' /mL	滤液量 $V=(V'-V_0)$/mL	$\frac{t}{V}$/（s/mL）	计算 b 值（s/cm^6）	备注
0					
10					
20					
30					
45					
60					

续表

时间/s	计量管滤液量 V' /mL	滤液量 $V=(V'-V_0)$/mL	$\frac{t}{V}$/（s/mL）	计算 b 值（s/cm^6）	备注
75					
90					
105					
120					
150					
180					
210					
240					
300					
360					
420					
480					

表 2-16　污泥比阻计算

污泥编号	真空度 p /（g/cm^2）	液体黏度 g /（cm·s）	布氏漏斗直径 D /cm	过滤面积 F /cm^2	面积平方 F^2 /cm^4	K /（s·cm^3）	B /（s/mL^2）	C /s	α	备注
1										
2										

六、注意事项及思考题

1. 注意事项

（1）检查计量管与布氏漏斗之间是否漏气。

（2）滤纸称量烘干，放到布氏漏斗内，要先用蒸馏水湿润，然后再用真空泵抽吸一下，滤纸要贴紧，不能漏气。

（3）污泥倒入布氏漏斗内时，有部分滤液流入计量筒，所以正常开始实验后记录量筒内滤液体积。

（4）量筒中水量少，不便读数时，可以补充一定水量，使得水面高过最低刻度。

（5）在整个过滤过程中，真空度确定后始终保持一致。

（6）表示结果和判断污泥过滤情况时请注意单位之间的换算。

（7）绘制 t/V-V 图（必须用坐标纸或者直接用 EXCEL 绘制）。

2. 思考题

测定污泥比阻在工程上有何实际意义？

第三章
水污染控制工程案例

第一节 自来水净化工程案例①

一、水厂规模与基本情况

名称：西昌市第三水厂二期工程。

项目占地：西郊乡北门村 4、5、6 组（一期已建净水厂东侧及北侧）。项目总占地约 70 亩（1 亩 ≈ 666.67 m^2，以下同）。

水厂规模：三水厂设计规模为 10 万 m^3/d，分两期建设，一期和二期规模均为 5 万 m^3/d。一期工程于 1999 年开始建设，2001 年建成投产；二期工程于 2014 开始建设，2017 年建成投产。二期工程建设完成后，三水厂规模达到 10 万 m^3/d。

项目投资：项目总投资 19 976.32 万元，其中环保投资 260 万元，环保投资占总投资比例为 1.3%。

项目所处地址及周边环境情况：三水厂位于西郊乡北门村 4、5、6 组，占地约 70 亩，距城区中心约 3 km。现水源为双水源取水，一是取西河地表水，二是从东干渠邛海支渠取水。西河地表水经西河内底格栏栅低坝取水进入西河沉沙池，最后进入西河工地 5 座预沉池再进入三水厂。邛海支渠的水源来自大桥水库，经漫水湾调节水库（容量 565 万 m^3）通过约 45 km 的干渠到三水厂取水泵站，通过泵提升后进入西河工地 5 座预沉池后进入三水厂。远期规划水源：西昌三水厂远期（预计 2025 年）将大桥水库“引水入昌”DN1800 封闭管道工程顺利完工后，将提供优质水源。

由于西昌市地形呈东高西低、北高南低，三水厂清水池出水口标高 1 598 m，城区地形标高为 1 508.00 ~ 1 565.00 m，城区有北山水厂（地形标高在 1 620.00 m）、三水厂（地形标高在 1 598.00 m）、邛海水厂（地形标高在 1 510.00 m），通常对地形标高差较大、呈坡状地带的城市采用分区供水模式更为经济、合理。三水厂处在城市较高地段，完全可以依赖其地形实现重力流供水方式。其供水范围为：宁远桥—马水河街—顺城街以南，

① 摘自西昌市第三水厂二期工程设计报告。

西至安宁河，南至换流站，东至月亮湾。同时负责三厂沿河堤至 3 号岗亭的供水，以及为北山水厂和西河泵房输水，水源水富余时，适当向城区供水。

三水厂水源情况：

（1）西河水源：西河属于山区典型地表水河道类型水源，全长 29.37 km，集雨面积 165.25 km^2，由于上游植被破坏，水土流失严重，泥石流灾害频发。目前该水源点枯水期流量逐年减少，扣除农灌用水，枯水期水量仅有 1.2 万 m^3/d，夏季洪水期水量达 5 ~ 6 万 m^3/d，水量变化较大，同时洪水期浊度高达 1.5 万 NTU。原水源保护区违规建筑多，污染物排放和倾倒现象严重，水质状况堪忧，影响三水厂的出水水质。原水源采用底格拦栅取水，因取水口位置上游 1 000 m、下游 100 m、两岸纵深 200 m 范围内，均有不同程度的居住，对水源形成潜在污染可能，已于 2017 年实施取水口搬迁，取水口上移约 2 km。

（2）东干渠水源：东干渠水源来自大桥水库漫水湾枢纽，水库位于冕宁县，该水源采用明、暗渠输水到西昌，横跨冕宁县、西昌市，渠长约 45 km（至三水厂取水点），水库内水源水质为Ⅱ类，渠内流量 41 万 m^3/d，水量能满足三水厂需求。但东干渠也存在水质不稳定、洪水期浊度较高的问题，沿途渠道较长，受污染的潜在性较大，同时东干渠存在岁修，每年一次，确定在 11 月或 12 月。岁修持续时间约 20 d，在此期间东干渠将停止供水。

（3）远期水源：最终三水厂将依赖于大桥水库“引水入昌”DN1800 封闭管道工程的实施，从根本上解决西昌季节上、时空上“缺水”，满足城市供水需求。如图 3-1 所示为三水厂现场图片。

图 3-1　三水厂现场图片

二、自来水厂工艺

（一）设计基础

设计规模的确定：按照西昌市城市总体规划，三水厂设计规模为 10 万 m^3/d，分两期建设，一期为 5 万 m^3/d，二期为 5 万 m^3/d。

服务区域：三水厂供水区域按照城市地形地理位置科学划分，确定供水区域为：宁远桥—马水河街—顺城街以南，西至安宁河，南至换流站，东至月亮湾。同时负责三水厂沿河堤至 3 号岗亭的供水，以及为北山水厂和西河泵房输水，水源水富余时，适当向城区供水。

服务区域人口情况：三水厂服务区域内供水人口约 26 万。

最大设计水量：设计处理规模为 10 万 m^3/d，日变化系数 $K_d = 1.2$，时变化系数 $K_h = 1.4$。

水质达标要求：三水厂出水水质全面达到《生活饮用水卫生标准》（GB 5749—2006）以及《城市供水水质标准》（CJ/T 206—2005）的要求[①]。三水厂二期工程同样采用与一期相同的重力流输水方式，完全可满足供水范围内的水压要求，满足《城市给水工程规划》要求的最不利点水压 0.28 MPa。

《生活饮用水卫生标准》（GB 5749—2006）一是加强了对水质有机物、微生物和水质消毒等方面的要求。新标准中的饮用水水质指标由原标准的 35 项增至 106 项，增加了 71 项。其中，微生物指标由 2 项增至 6 项；饮用水消毒剂指标由 1 项增至 4 项；毒理指标中无机化合物由 10 项增至 21 项；毒理指标中有机化合物由 5 项增至 53 项；感官性状和一般理化指标由 15 项增至 20 项；放射性指标仍为 2 项。二是统一了城镇和农村饮用水卫生标准。三是实现饮用水标准与国际接轨。

（二）工艺设计

1. 原三水厂一期处理工艺流程

原三水厂水源为双水源取水，一是取西河地表水，二是从东干渠邛海支渠取水。西河地表水经西河内底格栏栅低坝取水进入西河沉沙池，最后进入西河工地 5 座预沉池再进入三水厂。邛海支渠的水源来自大桥水库，经漫水湾调节水库（容量 565 万 m^3）通过约 45 km 的干渠到三水厂取水泵站，通过泵提升后进入西河工地 5 座预沉池后进入三水厂。三水厂净水工艺为常规处理工艺：

原水→配水井→混凝反应→斜管沉淀池（二级）→气水反冲过滤→消毒→用户→出水

2. 原三水厂一期运行存在问题分析

（1）预处理沉淀池原设计规模为 2 万 m^3/d，目前运行规模为 7 万 m^3/d，严重超负荷运行，因此沉淀效果较差。

（2）清水池施工时未按设计图纸设置集水坑，导致清洗时池子内积水不能排空。

（3）厂区应考虑 2 路电源，但由于条件限制，目前采用 1 路电源+柴油发电机方法解决，柴油发电机功率不能满足全厂用电需求，影响水厂运行安全。

（4）厂区中控室基本停止运行，不能直观地监察全厂运行情况。

---

① 设计当年执行《生活饮用水卫生标准》（GB 5749—2006）、《城市供水水质标准》（CJ/T 206—2005）。

（5）由于西河水浊度波动较大，洪水时最高达到 30 000 NTU，因此影响出水水质。

（6）一期工程流程按出厂水浊度 3 NTU 设计，现行水质标准要求 1NTU 以下，出厂水个别月份浊度超标。

3. 三水厂二期工程工艺选择方案

通过对三水厂运行分析，二期工程需拆除一期已建（五座）平流沉砂池，在拆除地块新建絮凝组合沉淀池，同时增加深度处理措施，确保出水水质达标。

在三水厂二期工程中，对一期和原部分建（构）筑物采取“能用尽用”的原则。

（1）通过分析一期已建的东干渠取水设施、取水泵房可知，只需通过更换两台取水泵及配套设施后就可以增大取水 5 万 m^3/d，因此对取水泵房进行改造。

（2）通过分析一期已建的加药加氯间可知，其具有改造空间，只需增加设备、管道就可满足扩建 5 万 m^3/d 规模的投药需求，因此对加药加氯间进行改造。

三水厂二期扩建工程中应采用技术先进、运行可靠、管理方便、工程投资低的净水工艺，在常规净水处理工艺基础上，增加深度处理工艺，提高供水水质，能保证供水工作安全，保证城市供水水质安全，为西昌市民提供优质、安全的饮用水。出厂水水质应按国家标准《生活饮用水卫生标准》（GB 5749—2006）要求执行，考虑到输配水过程中浊度的变化，出厂水浊度值应不超过 0.5NTU。出厂水残余游离态氯（接触时间 30 min 后）≥0.3 mg/L，以保证配水系统末端≥0.05 mg/L，在二期改扩建中重点控制以下关键因素：

（1）三水厂一期工程的出水浊度不能稳定保持在 1 NTU 以下，最高达 2.44 NTU，因此二期工程应对浊度做针对性处置。

（2）三水厂一期工程的 COD_{Mn} 波动起伏较大，目前最高值达 1.66 mg/L，虽然满足《生活饮用水卫生标准》，但是随着西昌经济的发展，西河上游及东干渠上游人口增加，水源受到有机物污染的程度越来越严重，因此 COD_{Mn} 的控制也是二期工程的一个重点。

综合以上，三水厂二期工程选用：预处理+强化常规处理+臭氧-活性炭深度处理工艺，完全能满足水厂出水达到《生活饮用水卫生标准》（GB 5749—2006）的出水指标要求。

选择的详细工艺流程如下：

配水井→絮凝组合沉淀池→高密度沉淀池→V 型滤池→臭氧-活性炭深度处理→二氧化氯-紫外线消毒→清水池→用户。

三水厂 10 万 m^3/d 净水处理工艺，包括对原一期的改造提升、二期的新建，对部分原有建（构）筑物，采取沿用、共用模式。

（1）三水厂一期净水处理工艺流程（改扩建）。

取水（已建）+提升泵站（仅限于东干渠取水，改扩建）→配水井（新建）→絮凝组合沉淀池（新建）→一期絮凝斜管预沉及沉淀池（原建）→砂滤池（原建）→中间提升泵井和主臭氧接触池（新建）→活性炭滤池（新建）→紫外线消毒（新建）+二氧化氯（改扩建）→清水池（原建+新建）。

（2）三水厂二期水处理工艺流程（新建）。

取水（已建）+提升泵站（仅限于东干渠取水，改扩建）→配水井（新建）→絮凝组合沉淀池（新建）→二期高密度沉淀池（新建）→V 型滤池（新建）→中间提升泵井和主臭氧接触池（新建）→活性炭滤池（新建）→紫外线消毒（新建）+二氧化氯（改扩建）→清水池（原建+新建）。

（3）新建废水收集处理、污泥处理设施。

原三水厂净水处理中无废水收集、处理，无污泥处理设施，此次需增加。

冲洗废水处理范围：包括砂滤池、活性炭滤池、浓缩池上清液等，滤池初期冲洗水经消毒后回流至配水井，废水处理系统均新建。处理工艺：排水池+紫外线消毒+提升设施至配水井。

排泥水处理范围：包括预沉池排泥、多级沉淀池排泥、脱水机滤液等，排泥水处理系统均新建。泥处理流程为：排泥池（新建）→污泥浓缩池（新建）→储泥池（新建）→污泥脱水间（新建）→泥柜（新建）。

4. 三水厂二期工艺选择分析

给水处理厂水处理工艺一般包括：预处理、常规处理、深度处理三个部分，具体选择何种净水处理工艺，需结合水源水情况、工程所在地供排水企业的技术、管理条件、一期工程采用的处理工艺和实际出水效果等因素综合考虑确定。

（1）预处理：一般来讲预处理主要是针对水源水出现微污染、可控有机污染以及山区季节性浊度变化较大等水体。根据三水厂采用西河地表水和大桥明渠输水，通过对原水（即水源水）水质检测报告综合判断，原水为微污染。

微污染原水预处理主要有生物预处理和化学预处理。

① 生物预处理是微污染原水的可行处理方案之一。废水生物处理中的生物膜法，如生物滤池、生物转盘、生物接触氧化池和生物流化床等，均可用来处理微污染原水，但因原水中的基质浓度比废水中的低，两者的设计和运行参数应有差别。常规水处理工艺虽在保证饮用水水质方面起着重要作用，但并不能去除水源水中的天然有机物和微量有机污染物。而生物预处理可以去除常规处理时不易去除的污染物，如氨氮、合成有机物和溶解性可生物降解有机物等。近年来，在常规处理之前设置生物预处理池的工艺，已在个别水厂中采用。生物预处理去除微污染技术，在国内有代表性的处理构筑物有生物接触氧化池和淹没式颗粒填料生物接触氧化池（简称生物陶粒滤池）两类。

② 化学预处理是通过在给水处理工艺前端投加氧化剂达到强化处理效果的措施。目前能用于给水处理的氧化剂有臭氧（O_3）、过氧化氢（H_2O_2）、高锰酸钾等强氧化剂。臭氧通过直接氧化或羟基自由基氧化与水中的有机物作用，破坏其不饱和键，导致有机物极性增加、可生化性提高，同时产生一些小分子臭氧化副产物，如有机酸、醛、酮等。臭氧能有效将水中溶解性铁、锰等转化成难溶解性氧化物而从水中沉淀去除。臭氧可将水中亚硝酸盐氧化成硝酸盐，也可将水中的氨（NH_3）氧化成硝酸盐（NO_3）。臭氧预氧化具有良好的除藻与杀菌作用，同时具有较好的除臭除色效果。

过氧化氢是淡蓝色黏稠液体，常见产品为3%和30%水溶液，制备和投加都较为方便，通过一系列实验表明，在微污染原水中投加过氧化氢可以去除50%以上的COD。

高锰酸钾属于过渡金属氧化物，在水溶液中能以数种氧化还原状态存在，不但能对水中易氧化的有机污染物（如烯烃、酚、醛等）具有良好的去除效果，对难氧化的有机污染物（如杂环化合物、硝基化合物和多环芳烃等）也具有良好的去除作用。高锰酸钾预氧化能够显著地降低水的致突变活性。高锰酸钾的投加与控制是一个关键问题，投加量不能过高，否则会使滤后水中锰的浓度增高。

本工程水源水质中氨氮和有机物均偶有超标，故考虑化学预处理，采用预加高锰酸钾预处理措施。

（2）强化常规处理工艺，提高处理效果。

常规水处理工艺的主要目的是去除水中浊度、色度和致病微生物。强化常规水处理工艺就是在基本维持原有常规处理构筑物不变的情况下，通过强化混凝和强化过滤等措施，在除浊的同时增加对有机物等的去除。强化常规水处理工艺具有投资省、流程简单、构筑物少、占土地少以及经常运行费用低等优点，更适合对原有系统的改造。

① 强化混凝。

应用强化混凝除了实现有机物的去除目的外，其另一个作用是当以液氯作消毒剂时能降低消毒副产物的形成。强化混凝能有效去除消毒副产物的前致物质，因此能减少THMs（三卤甲烷）和HAAs（氯乙酸）的生成。强化混凝还可有效减少消毒剂的用量。强化混凝的主要方法有：

一是加大混凝剂投加量，使有机物有水化壳压缩，水解的阳离子与此有机物阴离子电中和，消除由于有机物对无机胶体的影响，从而使无机胶体脱稳。

二是投加助凝剂，加强吸附、架桥作用，使有机物易被絮体黏附而沉下。

三是完善混合、絮凝等设施，从水力条件上加以改进，使混凝剂能充分发挥作用，也是强化混凝的一个措施。

② 强化沉淀。

目前为了强化沉淀效果，一种方案是采用降低沉淀水力负荷，减少出水浊度。另外一种方案是法国得利满（Degremont）与威立雅（VeoliaWater）先后推出的高密度澄清池（DENSADEG）与微砂回流高速斜管澄清池（ACTIFLO）等技术。

③ 强化过滤。

过滤的主要目的是降低水中浊度和去除水中细菌。随着浊度的降低，水中有机物等也可相应降低。因此，保证滤后水达到较低指标是滤池运行的关键。为了保证滤后水浊度，除了加强滤前处理工艺外，滤层的合理选择和保持滤料的清洁最为关键。由于当前不少水源受生活污水等的污染，氨氮含量偏高，因此利用常规滤池中滤料的生物作用以降低氨氮及有机物已引起人们的日益关注。所谓“强化过滤”也就是要求滤料在去除浊度的同时，也能降解有机物，降解氨氮和亚硝酸盐氮。强化过滤采取的主要措施和关键技术如下：

一是选择合适的滤料：滤料的表面要有利于细菌的生长，并具有足够的比表面积，滤料的粒径和厚度必须保证滤后水浊度的要求。国外已有这方面的专用滤料，国内也正在开发研究。

二是滤池的反冲洗既能有效地冲去积泥，又能保存滤料表面一定的生物膜，其冲洗方法（单水或气、水反冲）和冲洗强度应结合选用滤料通过试验确定。

三是要求待滤水有足够的溶解氧：氨氮的硝化过程需要消耗溶解氧，如果原水中溶解氧不足，将影响硝化过程的进行，因此，当原水溶解氧较低时，可通过曝气措施增加溶解氧。

四是由于余氯的存在会抑制细菌生长，因此不能在滤前进行加氯，滤池的反冲水也不应含余氯。由于取消了预加氯，为了保证出厂水细菌指标和合格，必须注意滤后水的消毒工艺。

五是滤池去除氨氮的效果与温度有密切的关系。夏季水的饱和溶解氧低，氨氮去除主要受溶解氧控制；冬季水温低，滤料的生物作用减弱，去除效果明显降低。

六是降低滤速，在充分发挥滤层截污能力的同时防止杂质穿透滤层。强化过滤受条件限制，其去除氨氮和有机物有一定局限性，当原水氨氮和有机物较高时，仍应在常规处理基础上增加预处理和深度处理工艺。当以除浊为主要目标时，降低滤速最为有效。

对本工程而言，采用常规处理工艺要达到出厂水浊度≤0.5 NTU，保证率尚达不到要求，对原水受有机污染时的预防能力较差，因此净水工艺应采用强化常规处理工艺，提高处理效果。

（3）深度处理，提高出水水质品质。

深度处理也称后处理，主要有活性炭、膜处理、光氧化等。

① 活性炭吸附技术。

在各种改善水质处理效果的深度处理技术中，活性炭吸附技术是完善常规处理工艺以去除水中有机物最成熟有效的方法之一。活性炭是一种多孔性物质，内部具有发达的孔隙结构和巨大的比表面积，其中微孔构成的内表面积占总面积的95%以上。研究表明，活性炭对有机物的去除主要是微孔吸附作用。活性炭对氯化产生三氯甲烷的去除率为20%～30%，并且水中三氯甲烷的浓度和投加活性炭的多少也影响最后的去除效果。由于饮用水中的三氯甲烷主要是由氯和有机物作用产生的，这就使得如何去除三氯甲烷的前驱物（THMFP）成为控制的关键。清华大学在研究中发现活性炭虽然对水中氯化产生的致癌物质有去除作用，但活性炭并不能有效去除氯化致癌物质的前驱物。大量试验也证实了活性炭吸附作用对去除水中 THMFP 的效果还不稳定，因而对此正有待进一步的研究。

② 臭氧-生物活性炭技术。

臭氧-生物活性炭法（O_3-BAC）是在活性炭滤池前投加臭氧，并在臭氧接触反应池中进行臭氧接触氧化反应，使水中有机污染物氧化降解（其中一小部分变成最终产物 CO_2 和 H_2O），从水中除去，使活性炭滤床的有机负荷减轻，提高低量活性炭处理的平衡能力；同时臭氧氧化能使水中难以降解的有机物断链、开环，氧化成短链的小分子物质或分子的某些基团被改变，从而使原来不能被生物降解的有机物转化成可生物降解的有机物；加上臭氧化水中含有剩余臭氧和充分的氧，使活性炭滤床处于富氧状态，导致耗氧微生物在活性炭颗粒表面繁殖生长并形成不连续的生物膜，或生物群落，通过生物吸附和氧化降解等作用，显著提高了活性炭去除有机物的能力，延长了使用寿命。

实践证明，臭氧化与生物活性炭两者组合起来在处理效果上优于单独使用任何一种方法，并具有如下效能和特征：降低臭、味物质（如 2-MEB）和 THMs 的生成潜能；降低紫外线吸光值、表面活性剂和色度；溶解性有机化合物被低分子化（UV 值变化），提高了生物活性炭床的生物降解效能和吸附效能，对三氯甲烷、四氯化碳有明显的去除作用；氧化水中溶解性铁、锰为难溶性的氧化物，通过过滤去除，提高了铁、锰的去除率；增加了水中的溶解氧；延长了生物活性炭的使用寿命，提高了除污效果。

经过研究生物活性炭对有机物的作用机理，结论表明该技术可看作是物理吸附和生物降解的简单组合。吸附饱和的生物碳在不需要再生的情况下，可利用其生物降解能力，继续发挥控制污染物的作用，这一点正是其他方法所不具备的。更重要的是臭氧-生物活性炭工艺是去除原水中致病原生动物的有效途径。臭氧灭活隐孢子虫卵囊的 CT 值为 5～10 mg/（L・min），在现有消毒剂中仅有它能够在净水工艺的正常投加量下，杀灭致病原生动物。生物活性炭滤池除在发挥去除、降解有机物的作用之外，还能够在砂滤池的 99% 截留的基础上，再去除接近 99%，实现对致病原生动物的有效控制。

因此臭氧-生物活性炭工艺是将活性炭物理化学吸附、臭氧化学氧化、生物氧化降解及臭氧灭菌消毒四种技术合为一体的工艺，由于该工艺具有的显著优点，已在国内城市供水厂深度处理中获得广泛应用，如北京的田村山水厂，昆明第五、六水厂，杭州南星桥水厂和深圳梅林水厂（60 万 m^3/d）。

③ 膜分离处理技术。

在水处理方面，膜分离技术脱离了传统的化学处理范畴，转入到物理固液处理领域。这应该可以看作是由 19 世纪应用快滤方法作为现代化标志以来，100 年后的又一次重大技术突破。与常规饮用水处理工艺相比，膜技术具有少投甚至不投加化学药剂、占地面积小、便于实现自动化等优点，并已大量应用于城镇自来水的深度处理上。正是由于膜技术的迅速发展，使得该技术被称为“21 世纪的水处理技术”，在水处理中具有广阔的应用前景。

常用的以压力为推动力的膜分离技术有微滤（MF）、超滤（UF）、纳滤（NF）以及反渗透（RO）等。膜分离技术的特点是能够提供稳定可靠的水质，这是由于膜分离水中杂质的主要机理是机械筛滤作用，因而出水水质在很大程度上取决于膜孔径的大小。

微滤（MF），又称精密过滤，其滤膜的孔径为 0.05～5.00 μm，操作压力为 0.01～0.2 MPa，可以去除微米（10～6 μm）级的水中杂质。多用于生产高纯水时的终端处理和作为超滤、反渗透或纳滤的预处理设施。

超滤（UF），其滤膜的孔径为 5 nm～0.1 μm，操作压力为 0.1～1.0 MPa，可以去除分子量 3×10^2～3×10^5 的大分子及细菌、病毒、贾第虫和其他微生物。

可以看出，UF 和 MF 在分离对象范围方面较接近，两者的主要区别在于膜孔径大小不同。研究发现，UF 和 MF 截留去除水中有机物的能力不仅取决于膜本身的截留分子量，还取决于原水中有机物分子量的分布。一般来说，膜的截留分子量越小，所能去除的有机物也越多，但截留分子量越小，透水通量下降，运行压力上升。

由于 UF 和 MF 在水处理中最主要的作用是固液分离，如何将水中杂质特别是溶解性的有机物转化为固相成为充分发挥膜分离作用的关键。实际中，常采用混凝或活性炭使水中有机物被吸附，转化为固相，用膜可以截留除之，同时又能减缓膜污染程度。

纳滤（NF），介于超滤和反渗透之间，可在较低的压力（0.5～1.0 MPa）下实现较高的水通量，盐类去除率为 50%～70%，对二价离子（如 Ca^{2+}、Mg^{2+}）的去除率可超过 90%。在净水处理中适用于硬度和有机物高且浊度低的原水，主要是地下水处理方面。纳滤膜本体带氨基和羧基两种正负基团，这是它在较低压力下仍具有较高脱盐性能和截留分子量为数百的膜也可去除无机盐的重要原因。因此，纳滤膜不仅可以进行水质软化和适度脱盐，而且可以去除 THMFP、色度、细菌、溶解性有机物和一些金属离子等。目前，饮用水深度处理中应用较多，反渗透膜几乎可以去除水中一切物质，包括各种悬浮物、胶体、溶解性有机物、无机盐、细菌、微生物等。近年来，反渗透技术已大量应用于饮用水的深度处理上，成为制备纯水的主要技术之一。

膜技术的缺点是生产规模一般较小，处理成本较高。就现有技术和生产成本来看，膜技术应用于大规模净水厂并不适合。此外，由于膜处理工艺维护难度大，对水厂技术人员要求高，故本工程暂不采用膜处理工艺，但可在将来随着饮用水水质的提高时采用。

对本工程而言，氨氮及有机物均有超标，强化常规处理工艺不能完全保证出水水质达标，因此选择臭氧-活性炭工艺作为深度处理工艺。考虑到水源地沿线现状情况，为应对水质进一步恶化，设置臭氧-活性炭深度处理设施，根据近期水质变化情况和工程资金筹备情况，采取分期实施。

（4）消毒。

过去消毒剂的选用只考虑单纯的灭菌，而随着新的水质标准的实施，消毒所需涉及的供水水质安全受到了极大的关注。2006 年颁布并于 2007 年 7 月 1 日实施的《生活饮用水卫生标准》（GB 5749—2006）与之前的标准相比增加了 71 项水质指标。新增部分包括微生物、毒理、饮用水消毒剂等指标。其中，微生物指标增加了对贾第鞭毛虫、隐孢子虫的检测和限制；饮用水消毒指标由原标准的氯消毒 1 项增至 4 项，增加了氯胺、臭氧、二氧化氯；毒理学指标中无机化合物由 10 项增至 21 项，有机化合物由 5 项增至 53 项，新增的毒理学指标中包括了溴酸盐、氯酸盐、亚氯酸盐和三卤甲烷等三致消毒副产物。

因此，面对目前消毒方式所产生的消毒副产物问题和微生物病原体控制的局限性，安全消毒已成为保证人们生命健康的一项重要研究课题和保障水安全的客观要求。消毒方法一般可分为物理法和化学法两类，物理法以紫外线消毒为代表，化学法主要包括投加液氯、二氧化氯、臭氧等消毒剂。给水厂传统的消毒方式为液氯消毒，但是本工程原水有机物含量超标，液氯消毒容易产生卤代烃类有机物，为了避免活性炭滤池微生物泄露，并且避免出水两虫超标，选用紫外线消毒工艺；因管网持续性消毒需求，增加二氧化氯消毒，因此本工程推荐采用紫外线+二氧化氯联合消毒。

通过对一期现状净水处理工艺存在的优缺点进行分析和提炼，结合现状进水水质指标和建设业主对出水水质的期望要求，针对给水净水处理通常采用的“预处理、常规处理、深度处理”三个阶段，并在各处理阶段对常用的处理工艺进行分析，经综合比较，三水厂最终选择“预处理+强化常规处理+臭氧-活性炭深度处理”工艺，完全能满足水厂出水达到《生活饮用水卫生标准》(GB 5749—2006)的出水指标要求。

详细工艺流程如下：

配水井→絮凝组合沉淀池→高密度沉淀池→V 型滤池→臭氧-活性炭深度处理→二氧化氯-紫外线消毒→清水池→城市管网。

5. 三水厂强化常规处理工艺分析

(1)混合。

混合是整个絮凝过程的重要环节，目的在于使投入水中的混凝剂能迅速而均匀地扩散于水体，使水中的胶体脱稳，提高凝聚效果。目前在大中型水厂中主要以机械混合、管式混合为主。管式静态混合器因其安装容易、不需维修，在国内水厂中被广泛使用。其主要缺点是混合效果随管道内流量的变化而变化，随水流速度的减小而降低；由于要保持管内一定的水流速度，因此水头损失较大。机械混合是利用机械搅拌器的快速旋转，使混凝剂迅速而有效地均匀扩散于整个水池之中，混合效果良好。其最大的优点是混合效果不受水量变化的影响，在进水流量变化过程中都能获得良好的混合效果，被大型水厂广泛采用。混合工艺的选择应遵循快速、充分的原则，G 值适当增大，可使混合形成的絮体有较大密度，反之则絮体密度降低，对沉淀池排泥及过滤均不利。经比较并结合原一期净水工艺中使用机械混合，二期工程中也采用机械混合方式。

(2)沉淀。

常用的沉淀方式有：平流沉淀池、斜管沉淀池、高密度沉淀池，其中前两种应用较为广泛。

① 平流沉淀池：具有处理效果稳定，对原水水量和水质变化适应能力强；池深浅，结构简单；耗药低；操作管理方便；容易设置机械排泥装置等优点。但也存在占地面积大、土建尺寸较大的缺点。

② 斜管沉淀池：具有沉淀效率高、池体小、占地面积少等优点。但存在斜管用材较多易老化，使用 6 ~ 8 年需要更换，更换一次斜管耗费较多；对原水浊度变化的适应性较差；设置机械排泥装置较平流池复杂等缺点。通过综合比较和一期使用斜管沉淀池的多年运行情况，原水在暴雨季节时浊度超过 3 000 NTU，属于高浊度水，二期工程选用平流加异向流斜管组合沉淀池作为一级沉淀池。

③ 高密度沉淀池：为确保沉后水水质稳定，减少对过滤的负荷冲击，根据一期使用两级沉淀的效果，二期工程采用近年来在大、中型水厂中广泛使用的类似于 DensaDeg®的高密度沉淀池作为二级沉淀池。

DensaDeg®工艺：DensaDeg®高密度澄清池是由法国 Degremont(得利满)公司开发的专利技术，属于水处理领域中最先进的技术一族。DensaDeg®高密度沉淀池是沉淀技术进化和发展的新阶段，在水处理技术中，属于三代沉淀池中最新的一代。二十世纪二三十年代采用的是第一代沉淀技术——“静态沉淀”；五十年代开发了称为“污泥接触层”

的第二代沉淀池并投入使用；八十年代被称为“污泥循环型”的第三代沉淀池登上了历史舞台，以 DensaDeg®高密度沉淀池为代表。Densadeg®高密度沉淀池是集化学混凝絮凝、污泥循环、斜板（管）分离以及污泥浓缩等多种分离理论于一体，通过合理的水力设计和结构组合开发出的具有高速水分离和污泥同步浓缩功能的新一代沉淀工艺。DensaDeg®高密度沉淀池可用于饮用水澄清、三次除磷、强化初沉处理以及合流制污水溢流（CSO）和生活污水溢流（SSO）处理。该工艺现已在法国、德国、瑞士得到推广应用。随着近年来国外各大水务公司进入中国市场，国内也有水厂采用了该项技术。DensaDeg®高密度沉淀池为三个单元的综合体：反应池、预沉浓缩池和斜板（管）分离池。具有以下特点：

① 最佳的絮凝性能，矾花密集、结实。

② 斜板分离，水力配水设计周密，原水在整个容器内被均匀分配。

③ 很高的上升速度，上升速度在 15 ~ 35 m/h 之间。

④ 外部污泥循环，污泥从浓缩区到反应池。

⑤ 集中污泥浓缩。DensaDeg®高密度沉淀池排泥浓度较高（用于澄清处理时为 20 ~ 100 g/L 或者用于石灰软化时为 150 ~ 400 g/L）。

⑥ 采用合成有机絮凝剂（PAM）。

⑦ 优质的出水。

⑧ 除去剩余的矾花，适用于多类型的原水，其唯一的局限性为含砂原水的最大浊度不可超过 1 500 NTU。

⑨ 由于循环使污泥和水之间的接触时间较长，从而使耗药量低于其他沉淀装置。

⑩ 节约用地：DensaDeg®高密度沉淀池的沉淀速度较高，它是结构最紧凑的沉淀池，结构紧凑减少了土建造价，并且节约了安装用地。

⑪ 无以下副作用：原水水质变化，药处理率调节不好，关机后再启动，流量发生变化；由于污泥循环，反应池中的污泥浓度永远不变。另外与原水中的污泥浓度相比，循环污泥的浓度较高，原水浓度的变化不影响处理效果，DensaDeg®高密度沉淀池甚至在原水处于峰值浊度时也能工作。

⑫ 很低的水量损失，外排的污泥浓度很高，与静态沉淀池相比，DensaDeg®高密度沉淀池的水量损失非常低。

⑬ 由于反应池和沉淀池之间的低速配水不会破坏已形成的矾花颗粒，从而保持了矾花的完整性。

⑭ 结构简单，可紧挨其他构筑物修建。

通过综合技术、经济比较，二期工程采用类似于 DensaDeg®的高密度沉淀池作为二级沉淀池。

（3）过滤。

在常规水处理过程中，过滤一般是指以石英砂等粒状滤料层截留水中悬浮杂质，从而使水质进一步得到改善的工艺过程。滤池有多种形式，普通快滤池使用历史最久。目前，水厂采用较多的滤池池型有无阀滤池、虹吸滤池、V 型滤池以及气水反冲滤池。四种滤池的优缺点比较如表 3-1 所示。

表 3-1 四种滤池优缺点比较

优缺点	池型			
	V 型滤池	气水反冲滤池	无阀滤池	虹吸滤池
优点	1. 出水水质好且稳定； 2. 采用气水反冲洗，冲洗效果好且稳定； 3. 配水配气均匀性好； 4. 采用虹吸管进水，可省去进水阀门； 5. 运行自动化程度高，管理方便	1. 出水水质好且稳定； 2. 采用气水反冲洗，冲洗效果好且稳定； 3. 构造比 V 型滤池简单； 4. 采用虹吸管进水，可省去进水阀门； 5. 运行自动化程度高，管理方便	1. 滤池运行采用水力控制，基本无需管理； 2. 占地面积小； 3. 出水水质较稳定； 4. 利用池内反冲洗水箱内清水进行反冲洗，无需专门的反冲洗设备，投资较省	1. 无需专门的反冲洗设备，投资较省； 2. 不需要大型阀门和启闭控制设备，投资较省； 3. 出水堰高于滤料层，不会出现穿透滤料的事故
缺点	1. 需要专门的冲洗设备，建设费用、运行电耗较无阀滤池和虹吸滤池高； 2. 反冲洗水量较小； 3. 构造比气水反冲滤池复杂	1. 需要专门的冲洗设备，建设费用、运行电耗较无阀滤池和虹吸滤池高； 2. 反冲洗水量较小； 3. 配水配气均匀性比 V 型滤池差	1. 土建构造复杂； 2. 滤料填装在封闭的池体内，装卸困难； 3. 冲洗水箱位于滤池上部，出水标高较高，相应抬高滤池前构筑物的标高，给构筑物总体布置带来困难，比较适用于水厂场地起伏较多时采用	1. 池深较深，土建结构较复杂； 2. 冲洗强度受其他几格滤池过滤水量影响，冲洗效果不稳定

从表 3-1 可以看出，四种池型各有优缺点，但根据《城市供水行业 2010 年技术进步发展规划及 2020 年远景目标》提出的“保障供水安全、提高供水水质、优化供水成本、改善供水服务”目标，对水厂来说，需要特别强调供水安全性和提高供水水质，要求“促进自动化、信息化的发展，加强生产环节的自动化水平”，鼓励采用“先进的工艺、技术和方法”，并且结合自来水厂现状。综上所述，二期工程推荐采用 V 型滤池。

6. 主要设备材料表

（1）东干渠取水泵站（见表 3-2）。

表 3-2 东干渠取水泵站

序号	名称	规格型号	单位	数量	备注
1	潜水泵	$Q = 960\ m^3/h$，$H = 40\ m$，$N = 155\ kW$	台	1	更换原潜水泵
2	潜水泵	$Q = 1\ 500\ m^3/h$，$H = 40\ m$，$N = 250\ kW$	台	1	更换原潜水泵

（2）配水井（见表 3-3）。

表 3-3 配水井

序号	名称	规格型号	单位	数量	备注
1	圆形铸铁镶铜闸门	$\phi\ 1\ 000$，$H_{孔中心} = 3.4\ m$	台	1	含手电两用启闭机
2	圆形铸铁镶铜闸门	$\phi\ 600$，$H_{孔中心} = 1.5\ m$	台	3	含手电两用启闭机

（3）絮凝合沉淀池（见表 3-4）。

表 3-4 絮凝合沉淀池

序号	名称	规格型号	单位	数量	备注
1	进水立轴式搅拌机	$N = 7.5\ kW$ 双层叶轮，叶轮直径 $\phi\ 1\ 800$	台	2	
2	进水立轴式搅拌机	$N = 5\ kW$ 双层叶轮，叶轮直径 $\phi\ 1\ 500$	台	2	
3	进水方闸门	$1\ 000 \times 1\ 000$；$H = 4.0\ m$；$N = 0.75\ kW$	台	2	配手电两用启闭机
4	出水方闸门	$1\ 000 \times 1\ 000$；$H = 2.7\ m$；$N = 0.75\ kW$	台	2	配手电两用启闭机
5	底部式刮泥机	跨度 7.7 m；池长 57.3 m；$N = 7.5\ kW$	套	4	
6	出水插板闸门	$B \times H = 1\ 000 \times 1\ 400$；渠深 $H = 2.31\ m$	套	4	
7	气动角式隔膜排泥阀	DN200；$P = 1.0\ MPa$	台	36	
8	手动双法兰软密封蝶阀	DN200；$P = 1.0\ MPa$	台	36	
9	排泥泵	$Q = 60\ m^3/h$，$H = 15\ m$，$N = 5.5\ kW$		2	
10	小孔眼网格反应设备	$L = 1.78/2.13\ m$，$B = 1.78\ m$，$H = 2.2\ m$		96	
11	集水槽	$L = 6.9\ m$，$B = 0.3\ m$，厚 $\sigma = 4\ mm$	根	80	
12	组合模块式斜管	$L = 1.0\ m$，$\phi = 30\ mm$，$\alpha = 60°$	m²	772	

（4）高密度沉淀池（见表 3-5）。

表 3-5　高密度沉淀池

序号	名称	规格型号	单位	数量	备注
1	进水立轴式搅拌机	$N=3.0$ kW，叶轮直径 ϕ 1 500	套	2	
2	絮凝立轴式搅拌机	$N=5.5$ kW，叶轮直径 ϕ 2 100	套	2	
3	底部刮泥机	ϕ 13.9 m，中心传动 $N=1.1$ kW	套	2	
4	污泥回流泵	$Q=30$ m^3/h，$H=15$ m，$N=5.5$ kW	台	4	
5	手动软密封闸阀	DN100，$PN=1.0$ MPa	台	4	
6	止回阀	DN100，$PN=1.0$ MPa	台	4	
7	集水槽	$L\times B\times H=6\ 450\times300\times350$，厚 $\sigma=4$ mm	根	24	
8	斜管	$L=1.2$ m，间距 $e=30$ mm，$\alpha=60°$	m^2	348	
9	导流筒	ϕ 2.25 m×6.5 m	个	2	

（5）V 型滤池（见表 3-6）。

表 3-6　V 型滤池

序号	名称	规格型号	单位	数量	备注
1	方形气动钢制闸门	$A\times B=300\times300$，$H_{中心}=1.45$ m	台	6	用于滤池进水，配气动装置
2	方形气动钢制闸门	$A\times B=300\times300$，$H_{中心}=1.45$ m	台	12	用于表面扫洗，配气动启闭装置
3	方形气动钢制闸门	$A\times B=500\times500$，$H_{中心}=2.55$ m	台	4	用于反冲洗排水，配气动启闭装置
4	气动双法兰软密封蝶阀	DN350，$PN=1.0$ MPa，$L=230$ mm	台	4	
5	气动双法兰软密封蝶阀	DN400，$PN=1.0$ MPa，$L=230$ mm	台	4	
6	气动双法兰软密封蝶阀	DN200，$PN=1.0$ MPa，$L=190$ mm	台	4	
7	手动双法兰软密封蝶阀	DN150，$PN=1.0$ MPa	台	8	
8	气动双法兰软密封蝶阀	DN300，$PN=1.0$ MPa	台	4	
9	电动葫芦	MD_1-1-6D 型，$N=1.5$ kW+0.2×1 kW	台	2	

（6）V型滤池反冲洗泵（见表3-7）。

表3-7 V型滤池反冲洗泵

序号	名称	规格型号	单位	数量	备注
1	反冲洗离心水泵（立式泵）	$Q = 380\ m^3/h$，$H = 11\ m$，电机功率 = 22 kW	台	3	2用1备
2	鼓风机	$Q = 24.60\ m^3/min$，$P = 0.05$ MPa，功率 = 45 kW	台	3	2用1备
3	空压机	$Q = 76\ m^3/h$，$P = 1.0$ MPa，电机功率 = 18.5 kW	台	2	
4	贮气罐	$V = 2.0\ m^3$，$P = 0.8$ MPa	台	2	
5	手动双法兰蝶阀	DN350，$PN = 1.0$ MPa，$L = 190$ mm	台	3	
6	手动/电动双法兰蝶阀	DN300，$PN = 1.0$ MPa，$L = 190$ mm	台	3，3	
7	微阻缓闭止回阀	DN300，$PN = 1.0$ MPa，$L = 190$ mm	台	3	
8	手动双法兰蝶阀	DN150，$PN = 1.0$ MPa，$L = 190$ mm	台	3	
9	电动单梁悬挂式起重机	LX型，跨度 $S = 7$ m，$G = 2$ t $H = 10.0$ m，$N = (3.4+2\times0.4)$ kW	台	1	
10	排污泵	$Q = 15\ m^3/h$，$H = 8$ m，电机功率 = 2.2 kW	台	2	

（7）中间提升泵井及臭氧触池（见表3-8）。

表3-8 中间提升泵井及臭氧触池

序号	名称	规格型号	单位	数量	备注
1	曝气头	直径179 mm，$Q = 2.0\ Nm^3/(h\cdot个)$，$H = 0.9$ bar	台	42	臭氧系统配套引进
2	投加系统控制阀门及仪表		台	2	臭氧系统配套引进
3	配气系统	含臭氧用气体流量计、气体流量调节阀、臭氧压力计等	套	6	臭氧系统配套引进
4	尾气臭氧浓度仪	安装在尾气破坏器之前	套		臭氧系统配套引进
5	尾气破坏器	接触罐 $Q \geq 95\ Nm^3/h$，$N = 2.1$ kW， 风机 $N = 2.1$ kW/台	套	1，2	
6	双向呼吸阀	DN50	套	2	臭氧系统配套引进
7	水中臭氧浓度仪		套	1	臭氧系统配套引进
8	手电方闸门	$B\times H = 1\ 000\ mm\times1\ 000\ mm$	台	4	手电两用启闭机与闸门成套提供
9	手电方闸门	$B\times H = 1\ 200\ mm\times1\ 200\ mm$	台	1	手电两用启闭机与闸门成套提供

续表

序号	名称	规格型号	单位	数量	备注
10	手电圆闸门	ϕ 1 200	台	3	手电两用启闭机
11	提升泵	Q = 2 300 m^3/h，H = 6 m，N = 60 kW	台	1	2 用 1 备
12	排水泵	Q = 70 m^3/h，H = 9 m，N = 6 kW	台	1	
13	电动葫芦	N = 3.8 kW，H = 12 m，W = 3.0 t	台	1	

（8）紫外消毒间（见表 3-9）。

表 3-9 紫外消毒间

序号	名称	规格型号	单位	数量	备注
1	紫外线反应器	DN600，N = 62 kW	台	2	
2	轴流风机	Q = 4 806 m^3/h，叶片角度 15°，N = 0.55 kW	台	2	

（9）清水池（见表 3-10）。

表 3-10 清水池

序号	名称	规格型号	单位	数量	备注
1	电动双法兰蝶阀	DN700，PN = 1.0 MPa	台	2	
2	手动双法兰蝶阀	DN400，PN = 1.0 MPa	台	1	

（10）加药加氯间（见表 3-11）。

表 3-11 加药加氯间

序号	名称	规格型号	单位	数量	备注
1	PAC 投加计量泵	Q = 800 L/h，H = 4 bar，N = 1.1 kW	台	3	2 用 1 备
2	PAC 投加计量泵	Q = 100 L/h，H = 4 bar，N = 0.75 kW	台	3	2 用 1 备
3	粉末 PAM 投加系统	10 kg/h，N = 20 kW	套	1	
4	二氧化氯发生器	7 kg/h，N = 6 kW	套	3	2 用 1 备

（11）污泥浓缩池、储泥池（见表 3-12）。

表 3-12 污泥浓缩池、储泥池

序号	名称	规格型号	单位	数量	备注
1	中心传动浓缩机	ϕ = 16 m，N = 1.5 kW	台	2	
2	水下搅拌机	N = 2.2 kW，D = 320 mm	台	1	

（12）污泥脱水间（见表 3-13）。

表 3-13 污泥脱水间

序号	名称	规格型号	单位	数量	备注
1	离心脱水机	$Q = 20 \sim 25\ m^3/h$，$N = (30+7.5)\ kW$	台	3	2 用 1 备
2	絮凝剂投配系统	粉剂 10 kg/h，$N = 3.0\ kW$	台	1	
3	加药泵（螺杆泵）	$Q = 1.5\ m^3/h$，$P = 0.4\ MPa$，$N = 1.5\ kW$	台	3	
4	泥饼泵（螺杆泵）	$Q = 2.5\ m^3/h$，$P = 2.4\ MPa$，$N = 15\ kW$	台	3	

（13）上清液紫外消毒间（见表 3-14）。

表 3-14 上清液紫外消毒间

序号	名称	规格型号	单位	数量	备注
1	紫外线反应器	DN300，$N = 30\ kW$	台	1	
2	轴流风机	$Q = 600\ m^3/h$，叶片角度 35°，$N = 0.18\ kW$	台	2	

（14）液氧站（见表 3-15）。

表 3-15 液氧站

序号	名称	规格型号	单位	数量	备注
1	液氧储罐	$20\ m^3$，$P = 1.6\ MPa$	台	2	
2	空湿汽化器	汽化能力 $200\ Nm^3/h$，工作压力 = 1.6 MPa	台	2	
3	压力调压装置	汽化能力 $200\ Nm^3/h$，工作压力 = 2.5 MPa	台	2	

（15）臭氧车间（见表 3-16）。

表 3-16 臭氧车间

序号	名称	规格型号	单位	数量	备注
1	臭氧发生器	8.75 kg/h，质量浓度 10%，$N = 125\ kW$	台	2	臭氧系统配套引进
2	内环冷却系统	水泵 $Q = 22.3\ m^3/h$，$N = 1.1\ kW$/台，另含板式热交换器、仪表	台	2	臭氧系统配套引进
3	氮气投加系统	汽化能力 $200\ Nm^3/h$，工作压力 = 2.5 MPa	台	2	1 用 1 备，臭氧系统配套引进

7. 物料平衡分析

三水厂物料包括：

（1）电力负荷。

电费在水厂（含取水）的运行成本中占有很大的比重，水厂本身往往就是用电大户，耗电的 80%以上用于电动机驱动水泵以抽升水位，水厂节能不仅仅关系到水厂的运行成本，而且有着明显的社会效益。所以，在水厂设计中，一般都将节能放在很重要的位置。电耗是否合理主要取决于三方面因素：水泵提升的扬程是否合适；机泵（包括电气设备）是否高效；运行调度是否合理和优化。

《城市供水行业 2010 年技术进步发展规划及 2020 年远景目标》提出了企业供水综合单位电耗指标为：2010 年为 380 kW·h/（km^3·MPa），2020 年达到 350 kW·h/（km^3·MPa）。本次二期改造净水厂耗电量 579.26 万千瓦时，取水泵站（新增）耗电量 216.46 万千瓦时，总耗电量 795.72 万千瓦时，折标煤 977.94 tce/a[折标系数 0.122 9 kgce/（kw·h）]。

（2）水资源消耗。

生活用水按 30 L/（人·班）计，全年用水 262.8 m^3。淋浴用水按 30 L/（人·班）计，全年用水 262.8 m^3。生产用水：化验室全年用水量 180 m^3。加氯水射器用水、加药稀释用水、排泥阀压力水全年用水量 121 000 m^3。绿化用水按 1.5 L/（m^2·次），每 2 天一次计，全年用水 2 808 m^3；洗车用水按 250 L/（辆·次），4 辆车计，每周洗 2 次，全年用水 104 m^3；冲洗道路用水按 1 L/（m^2·次），每天 2 次，全年用水 743 m^3。全年自来水用量 125 360.6 m^3。

（3）燃料消耗。

本工程燃料消耗主要为运输脱水后的泥饼。泥饼采用东风卡车输送，燃料消耗为柴油，每年用油量为 33.68 t，折标煤 49.08 tce/a（折标系数 1.457 1 kgce/kg 柴油）。

本工程年处理费用（含固定资产折旧、无形资产摊销）为 3 938.26 万元，单位处理成本 2.876 元/m^3。年经营成本费用为 3 138.30 万元，单位经营成本 2.292 元/m^3。

8. 三水厂进水、出水水质指标

西河地表水进厂水质指标见表 3-17 ~ 表 3-19。

表 3-17　地表水环境质量标准基本项目标准限值（Ⅲ类）[①]

项目	单位	限值	检验依据	检测结果
水温	°C	—	GB/T 13195—1991 温度计法	13.5
pH	—	6 ~ 9	HJ 1147—2020 电极法	7.82
溶解氧	mg/L	≥5	HJ 506—2009 电化学探头法	8.03
高锰酸盐指数	mg/L	≤6	GB/T 11892—1989 酸性高锰钾滴定法	0.65
化学需氧量（COD）	mg/L	≤20	HJ 828—2017 重铬酸盐法	<10
硒	mg/L	≤0.01	HJ 694—2014 原子荧光法	$<7.0\times10^{-4}$
氨氮（NH_3-N）	mg/L	≤1.0	HJ 535—2009 纳氏试剂分光光度法	<0.025
总磷（以 P 计）	mg/L	≤0.2	GB/T 11893—1989 钼酸铵分光光度法	<0.01
汞	mg/L	≤0.000 1	HJ 694—2014 原子荧光法	$<2\times10^{-5}$

① 设计该项目当年所执行的《地表水环境质量标准》。

续表

项目	单位	限值	检验依据	检测结果
砷	mg/L	≤0.05	HJ 694—2014 原子荧光法	<3.0×10^{-4}
氟化物（以F计）	mg/L	≤1.0	HJ 84—2016 离子色谱法	<0.10
铅	mg/L	≤0.01	GB/T 5750.6—2006 11.7 电感耦合等离子体质谱法	4.5×10^{-3}
锌	mg/L	≤1.0	GB/T 5750.6—2006 5.6 电感耦合等离子体质谱法	6.6×10^{-2}
氰化物	mg/L	≤0.2	HJ 484—2009 异烟酸-吡唑啉酮分光光度法	0.007
粪大肠菌群（个/L）	个/L	≤10 000	HJ 1001—2018 酶底物法	13 140
挥发酚	mg/L	≤0.005	HJ 503—2009 4-氨基安替比林分光光度法	<0.002
五日生化需氧量（BOD5）	mg/L	≤4	HJ 505—2009 稀释与接种法	<2
阴离子表面活性剂	mg/L	≤0.2	GB/T 7494—87 亚甲蓝分光光度法	<0.10
硫化物	mg/L	≤0.2	GB/T 16489—1996 亚甲基蓝分光光度法	<0.005
总氮（湖、库，以N计）	mg/L	≤1.0	HJ 636—2012 碱性过硫酸钾消解紫外分光光度法	0.741
石油类	mg/L	≤0.05	HJ 970—2018 紫外分光光度法(试行)	<0.01
铬（六价）	mg/L	≤0.05	GB/T 7467—1987 二苯碳酰二肼分光光度法	<0.004
镉	mg/L	≤0.005	GB/T 5750.6—2006 9.7 电感耦合等离子体质谱法	3.3×10^{-4}
铜	mg/L	≤1.0	GB/T 5750.6—2006 4.6 电感耦合等离子体质谱法	7.4×10^{-3}

表 3-18 集中式生活饮用水地表水源地补充项目标准限值

项目	单位	限值	检验依据	检测结果
硫酸盐（以SO_4^{2-}计）	mg/L	≤250	HJ 84—2016 离子色谱法	14
氯化物（以Cl^-计）	mg/L	≤250	HJ 84—2016 离子色谱法	1.0
硝酸盐（以N计）	mg/L	≤10	HJ 84—2016 离子色谱法	0.33
铁	mg/L	≤0.3	GB/T 5750.6—2006 2.4 电感耦合等离子体质谱法	8.2×10^{-2}
锰	mg/L	≤0.1	GB/T 5750.6—2006 3.6 电感耦合等离子体质谱法	9.4×10^{-2}

表 3-19　集中式生活饮用水地表水源地特定项目标准限值

项目	单位	限值	检验依据	检测结果
镍	mg/L	≤0.02	GB/T 5750.6—2006 15.3 电感耦合等离子体质谱法	7.9×10^{-3}
锑	mg/L	≤0.005	GB/T 5750.6—2006 19.4 电感耦合等离子体质谱法	$<7.0\times10^{-5}$
铊	mg/L	≤0.000 1	GB/T 5750.6—2006 21.3 电感耦合等离子体质谱法	1.0×10^{-5}
钒	mg/L	≤0.05	GB/T 5750.6—2006 18.3 电感耦合等离子体质谱法	1.6×10^{-3}
硼	mg/L	≤0.5	GB/T 5750.5—2006 8.3 电感耦合等离子体质谱法	5.0×10^{-2}
钼	mg/L	≤0.07	GB/T 5750.6—2006 13.3 电感耦合等离子体质谱法	2.3×10^{-4}
钡	mg/L	≤0.7	GB/T 5750.6—2006 16.3 电感耦合等离子体质谱法	1.3×10^{-1}
钛	mg/L	≤0.1	GB/T 5750.6—2006 17.3 电感耦合等离子体质谱法	9.4×10^{-2}
钴	mg/L	≤1.0	GB/T 5750.6—2006 14.3 电感耦合等离子体质谱法	1.8×10^{-4}
铍	mg/L	≤0.002	GB/T 5750.6—2006 20.5 电感耦合等离子体质谱法	$<3.0\times10^{-5}$
三氯甲烷	mg/L	≤0.06	GB/T 5750.10—2006 1.2 毛细管气相色谱法	$<2.0\times10^{-4}$
四氯化碳	mg/L	≤0.002	GB/T 5750.8—2006 1.2 毛细管气相色谱法	$<1.0\times10^{-4}$
苯	mg/L	≤0.01	GB/T 5750.8—2006 附录 A 吹脱捕集/气相色谱-质谱法	$<4.0\times10^{-5}$
甲苯	mg/L	≤0.7	GB/T 5750.8—2006 附录 A 吹脱捕集/气相色谱-质谱法	$<1.1\times10^{-4}$
乙苯	mg/L	≤0.3	GB/T 5750.8—2006 附录 A 吹脱捕集/气相色谱-质谱法	$<6.0\times10^{-5}$
异丙苯	mg/L	≤0.25	GB/T 5750.8—2006 附录 A 吹脱捕集/气相色谱-质谱法	$<1.5\times10^{-4}$
三氯乙烯	mg/L	≤0.07	GB/T 5750.8—2006 7.1 填充柱气相色谱法	$<3.0\times10^{-3}$
四氯乙烯	mg/L	≤0.04	GB/T 5750.8—2006 8.1 填充柱气相色谱法	$<1.2\times10^{-3}$

续表

项目	单位	限值	检验依据	检测结果
三溴甲烷	mg/L	≤0.1	GB/T 5750.10—2006 2.2 毛细管气相色谱法	<6.0×10^{-3}
阿特拉津	mg/L	≤0.03	GB/T 5750.9—2006 17.1 高压液相色谱法	<0.000 5
苯并[α]芘	mg/L	≤2.8×10^{-6}	GB/T 5750.8—2006 9.1 高压液相色谱法	<1.4×10^{-6}

由于西河地表水为典型山区河流，原水浊度、流量变化幅度极大。枯水期水量仅有 1.2 万 m^3/d，夏季洪水期水量达 5 万～6 万 m^3/d，水量变化较大，枯水期浊度仅有 10～20，夏季洪水期最高达 30 000。同时，三水厂为双水源（西河地表水、大桥水库东干渠明渠水），经多次检测判定为微污染。

水质评价及结论：该水样所检 50 项指标除粪大肠菌群外，均符合《地表水环境质量标准》(GB 3838—2002)(Ⅲ类）限值要求。

西昌市给排水总公司提供的关于西河、大桥水库东干渠水质情况："西河原水水质属于《地表水环境质量标准》(GB 3838—2002）Ⅲ类，大部分指标能达到Ⅱ类，不能满足Ⅱ类限值要求超标的项目主要为溶解氧、高锰酸指数、化学需氧量、总氮、锰、铁、粪大肠菌群。"

"东干渠原水水质属于《地表水环境质量标准》(GB 3838—2002）Ⅲ类，不能满足Ⅱ类限值要求超标的项目主要为溶解氧、高锰酸指数、化学需氧量、氨氮、总氮、锰、铁、粪大肠菌群。"

三水厂出水水质常规指标及限值、水质非常规指标及限值、饮用水中消毒剂常规指标及要求分别见表 3-20、表 3-21、表 3-22。

表 3-20 水质常规指标及限值

指标	限值	检验依据	检测结果
1. 微生物指标			
总大肠菌群/（MPN/100 mL 或 CFU/100 mL）	不得检出	GB/T 5750.12—2006 2.1 酶底物法	未检出
大肠埃希氏菌/（MPN/100 mL 或 CFU/100 mL）	不得检出	GB/T 5750.12—2006 4.3 酶底物法	未检出
菌落总数/（CFU/mL）	100	GB/T 5750.12—2006 1.1 平皿计数法	0
2. 毒理指标			
砷/（mg/L）	0.01	GB/T 5750.6—2006 6.1 氢化物原子荧光法	<3.0×10^{-4}

续表

指标	限值	检验依据	检测结果
汞/（mg/L）	0.001	GB/T 5750.6—2006 8.1 原子荧光法	$<2\times10^{-5}$
硒/（mg/L）	0.01	GB/T 5750.6—2006 7.1 氢化物原子荧光法	$<7.0\times10^{-4}$
铬（六价）/（mg/L）	0.05	GB/T 5750.6—2006 10.1 二苯碳酰二肼分光光度法	<0.004
氰化物/（mg/L）	0.05	GB/T 5750.5—2006 4.1 异烟酸-吡唑酮分光光度法	0.008
氟化物/（mg/L）	1.0	GB/T 5750.5—2006 3.2 离子色谱法	<0.10
硝酸盐（以 N 计）/（mg/L）	10；地下水源限制时为 20	GB/T 5750.5—2006 5.3 离子色谱法	0.28
三氯甲烷/（mg/L）	0.06	GB/T 5750.10—2006 1.2 毛细管气相色谱法	$<2.0\times10^{-4}$
四氯化碳/（mg/L）	0.002	GB/T 5750.8—2006 1.2 毛细管气相色谱法	$<1.0\times10^{-4}$
镉/（mg/L）	0.005	GB/T 5750.6—2006 9.7 电感耦合等离子体质谱法	$<6.0\times10^{-5}$
铅/（mg/L）	0.01	GB/T 5750.6—2006 11.7 电感耦合等离子体质谱法	1.1×10^{-4}
亚氯酸盐/（mg/L）	0.7	GB/T 5750.10—2006 13.2 离子色谱法	0.50
氯酸盐/（mg/L）	0.7	GB/T 5750.11—2006 6 离子色谱法	<0.005 0
3. 感观性状和一般化学指标			
色度（铂钴色度单位）	15	GB/T 5750.4—2006 1.1 铂-钴标准比色法	<5
浑浊度（散射浑浊度单位）/NTU	1；水源与净水技术条件限制时为 3	GB/T 5750.4—2006 2.1 散射法-福尔马肼标准	0.63

续表

指标	限值	检验依据	检测结果
臭和味（级）	无异臭、异味	GB/T 5750.4—2006 3.1 嗅气和尝味法	0
肉眼可见物	无	GB/T 5750.4—2006 4.1 直接观察法	无
pH	不小于 6.5 且不大于 8.5	GB/T 5750.4—2006 5.1 玻璃电极法	7.48
铝/（mg/L）	0.2	GB/T 5750.6—2006 1.1 铬天青 S 分光光度法	0.028
氯化物/（mg/L）	250	GB/T 5750.5—2006 2.2 离子色谱法	3.7
硫酸盐/（mg/L）	250	GB/T 5750.5—2006 1.2 离子色谱法	12
溶解性总固体/（mg/L）	1 000	GB/T 5750.4—2006 8.1 称量法	237
总硬度（以 $CaCO_3$ 计）/（mg/L）	450	GB/T 5750.4—2006 7.1 乙二胺四乙酸二钠滴定法	124
耗氧量（COD_{Mn} 法，以 O_2 计）/（mg/L）	3；水源限制，原水耗氧量>6 mg/L 时为 5	GB/T 5750.7—2006 1.1 酸性高锰钾滴定法	0.46
挥发酚类（以苯酚计）/（mg/L）	0.002	GB/T 5750.4—2006 9.14-氨基安替吡啉三氯甲烷萃取分光光度法	<0.002
阴离子合成洗涤剂/（mg/L）	0.3	GB/T 5750.4—2006 10.1 亚甲蓝分光光度法	<0.10
铁/（mg/L）	0.3	GB/T 5750.6—2006 2.4 电感耦合等离子体质谱法	2.3×10^{-2}
锰/（mg/L）	0.1	GB/T 5750.6—2006 3.6 电感耦合等离子体质谱法	4.1×10^{-4}
铜/（mg/L）	1.0	GB/T 5750.6—2006 4.6 电感耦合等离子体质谱法	2.0×10^{-4}

续表

指标	限值	检验依据	检测结果
锌/（mg/L）	1.0	GB/T 5750.6—2006 5.6 电感耦合等离子体质谱法	5.1×10^{-3}
4. 放射性指标			
总 α 放射性/（Bq/L）	0.5	GB/T 5750.13—2006 1.1 低本底总 α 检测法	0.027
总 β 放射性/（Bq/L）	1.0	GB/T 5750.13—2006 2.1 低本底总 β 检测法	$<2.8\times10^{-2}$

表 3-21　水质非常规指标及限值

指标	限值	检验依据	检测结果
镍/（mg/L）	0.02	GB/T 5750.6—2006 15.3 电感耦合等离子体质谱法	$<7.0\times10^{-5}$
钼/（mg/L）	0.07	GB/T 5750.6—2006 13.3 电感耦合等离子体质谱法	5.0×10^{-4}
银/（mg/L）	0.05	GB/T 5750.6—2006 12.4 电感耦合等离子体质谱法	$<3.0\times10^{-5}$
锑/（mg/L）	0.005	GB/T 5750.6—2006 19.4 电感耦合等离子体质谱法	$<7.0\times10^{-5}$
钡/（mg/L）	0.7	GB/T 5750.6—2006 16.3 电感耦合等离子体质谱法	7.5×10^{-2}
铊/（mg/L）	0.000 1	GB/T 5750.6—2006 21.3 电感耦合等离子体质谱法	$<1.0\times10^{-5}$
硼/（mg/L）	0.5	GB/T 5750.5—2006 8.3 电感耦合等离子体质谱法	4.6×10^{-3}
铍/（mg/L）	0.002	GB/T 5750.6—2006 20.5 电感耦合等离子体质谱法	$<3.0\times10^{-5}$
苯/（mg/L）	0.01	GB/T 5750.8—2006 附录 A 吹脱捕集/气相色谱-质谱法	$<4.0\times10^{-5}$
甲苯/（mg/L）	0.7	GB/T 5750.8—2006 附录 A 吹脱捕集/气相色谱-质谱法	$<1.1\times10^{-4}$
乙苯/（mg/L）	0.3	GB/T 5750.8—2006 附录 A 吹脱捕集/气相色谱-质谱法	$<6.0\times10^{-5}$

续表

指标	限值	检验依据	检测结果
苯乙烯/（mg/L）	0.02	GB/T 5750.8—2006 附录 A 吹脱捕集/气相色谱-质谱法	$<4.0\times10^{-5}$
三氯乙烯/（mg/L）	0.07	GB/T 5750.8—2006 7.1 填充柱气相色谱法	$<3.0\times10^{-3}$
一氯二溴甲烷/（mg/L）	0.1	GB/T 5750.10—2006 4.2 毛细管气相色谱法	$<3.0\times10^{-4}$
二氯一溴甲烷/（mg/L）	0.06	GB/T 5750.10—2006 3.2 毛细管气相色谱法	$<1.0\times10^{-3}$
四氯乙烯/（mg/L）	0.04	GB/T 5750.8—2006 8.1 填充柱气相色谱法	$<1.2\times10^{-3}$
三溴甲烷/（mg/L）	0.1	GB/T 5750.10—2006 2.2 毛细管气相色谱法	$<6.0\times10^{-3}$
莠去津/（mg/L）	0.002	GB/T 5750.9—2006 17.1 高压液相色谱法	<0.000 5
苯并[α]芘/（mg/L）	0.000 01	GB/T 5750.8—2006 9.1 高压液相色谱法	$<1.4\times10^{-6}$

表 3-22 饮用水中消毒剂常规指标及要求

消毒剂名称	与水接触时间	出厂水中限值/（mg/L）	出厂水中余量/（mg/L）	管网末梢水中余量/（mg/L）	检验依据	检测结果
氯气及游离氯制剂（游离氯）	≥30 min	4	≥0.3	≥0.05	GB/T 5750.11—2006 1.23，3'，5，5'-四甲基连苯胺比色法	—
二氧化氯（ClO_2）	≥30 min	0.8	≥0.1	≥0.02	GB/T 5750.11—2006 4.4 现场测定法	0.48

水质评价及结论：该水样所检 55 项指标均符合《生活饮用水卫生标准》（GB 5749—2006）限值要求。

9. 三水厂出水稳定达标性分析

三水厂改扩建完成后，出水水质完全达到《生活饮用水卫生标准》（GB 5749—2006）要求，特别是浊度指标控制在小于 1。

一是二期改扩建工程中针对一期存在的各项问题，作为二期改扩建的重点控制内容，围绕“出厂水水质品质的提高”目标，为确保出水水质稳定，为西昌市民提供更为优质、安全、卫生的自来水，在工艺选择上结合一期运行中存在的问题、水质控制目标期望值、现状各水源综合特点，采取“预处理、常规净水处理、深度处理”的三级处理模式，确保了出厂水水质全面达到《生活饮用水卫生标准》（GB 5749—2006）要求。

二是强化运行管理，三水厂一期工程 2001 年投产运行近 20 年，在净水处理上积累了相当丰富的经验，针对不同季节（枯水季节、雨水季节）、不同水源（西河水源、大桥东干渠）在混凝剂投加、沉淀池排泥时间控制、滤池反冲洗时间及强度控制等方面灵活处置；同时加强职工业务技能培训教育，特别是新进厂职工的岗前培训，确保每个职工在上岗前都能掌握每个岗位的重点、难点，树立良好的爱厂、爱岗、爱企业的敬业精神和职业道德，传承“老带新”的好传统。

三是对原西河水源取水口向上游迁建近 2 km，重新设立界碑、界桩，设置物理、生态隔离设施，加强巡视、巡查，确保了新水源取水口水质比原取水口水质明显提升。现使用的大桥水库东干渠明渠水源，也将在 2025 年左右被“大桥水库引水入昌”工程所取代，到时从大桥水库至西昌三水厂全长 80 多千米的全封闭 DN1800 钢管将为西昌市三水厂提供更为优质的水源水，三水厂的优质出厂水将会得到更可靠的保障。

三、进一步提高净化效果的方案

给水厂净水处理的核心包括原水和净水处理过程控制两个方面，围绕这两个方面做文章、找问题、想办法，加强质量控制和设备管理，严格按操作规范运行，确保出厂水水质。

（1）加强水源地管控工作，从源头开始。正所谓好的产品必须要有好的原材料做保障。

（2）现代化的三水厂，人和设备同样重要。在抓好人员素质提升的同时，同样要抓住确保各类设备正常工作的措施和方法，正所谓“两手抓，两手都要硬”。西昌市三水厂的短板是自控、设备的维护维修方面，建议适当引进在自控、设备维护维修方面的高端人才，补短板、促发展。

（3）影响城市供水水质的因素不仅仅是水源质量、净水处理质量控制，城市管网对水质的影响也不得忽视。按照《生活饮用水卫生标准》（GB 5749—2006）要求，对水质控制包括原水、出厂水和管网末梢水三个方面，西昌市老城区给水管网陈旧、老化，渗漏现象较为严重，建议加强给水管网维护维修工作、加强管网探漏工作、加强更换老旧给水管线工作、加强城市智慧水务建设工作、加强城市分区供水工作，尽量降低和减少管网漏损率，提高供水水质安全和供水企业经济效益。

第二节　生活污水污染控制工程案例[①]

一、污水厂规模与基本情况

名称：西昌市邛海污水处理厂改扩建工程。

---

① 本节内容引用自西昌市邛海污水处理厂改扩建工程设计报告。文中标准均为设计当年执行标准。

项目占地：项目总占地面积约 14 650 m^2。

水厂规模：邛海污水处理厂处理规模需由原 10 000 m^3/d 扩建为 20 000 m^3/d，出水水质标准由原一级 B 提高到一级 A。受纳水体为海河。

项目投资：项目总投资 5 730.85 万元，其中环保投资 120 万元，环保投资占总投资比例为 2.6%。

项目所处地址及周边环境情况：

邛海污水处理厂位于三岔口南路与海河交叉口，西昌汽车南站往南约 300 m 处。

邛海污水处理厂原一期服务范围为海河以南至海南乡一带，即泸山东麓脚下，邛海西岸的狭长带状区域，处理规模 10 000 m^3/d。邛海污水处理厂一期工程于 2002 年 12 月开工建设，2004 年 7 月完成了土建工程，同年 8 月基本完成了设备的安装工作并通水试运行。邛海污水处理厂一期工程设计处理规模 10 000 m^3/d，总变化系数 $K_{总} = 1.58$，一期进厂截污干管起至岗瑶，终到邛海污水处理厂，干管长 7.5 km，中间设提升泵站 3 座，沿邛海西岸铺设。污水处理采用“反应沉淀池+曝气生物滤池（BAF）”的主体生物处理工艺，排水执行 GB 8978—1996 污水综合排放标准一级 B 标准。污泥处理采用离心脱水机脱水处理后含水率低于 80%，送垃圾填埋场卫生填埋。

污水处理厂一期工程采用的是以曝气生物滤池为主体的处理工艺，工艺流程为：粗格栅及进水泵房→回转式细格栅→钟式沉砂池→转鼓式超细格栅→絮凝反应斜管沉淀池→曝气生物滤池（BAF）→接触消毒池→出水至海河；污泥处理工艺流程为：重力浓缩→离心脱水→脱水污泥外运。

主要构（建）筑物包括：粗格栅及进水泵房、细格栅、旋流沉砂池、絮凝沉淀池反应斜管、BAF 生物滤池、接触消毒池、污泥浓缩池、污泥脱水机房、加药间、加氯间、综合办公楼。

一期实际进水水质：COD_{Cr} 260 mg/L，BOD_5 104 mg/L，SS 230 mg/L，总氮 29.7 mg/L，总磷 3.3 mg/L。

一期实际出水水质：COD_{Cr} 26 mg/L，BOD_5 10 mg/L，SS 8.50 mg/L，总氮 13.1 mg/L，总磷 1.2 mg/L。

2012 年对邛海污水厂进行二期改扩建工程，包括：污水厂一期工程设计处理规模由 1 万吨/天扩建为 2 万吨/天，出水水质标准由执行《城镇污水处理厂污染物排放标准》（GB 18918—2002）一级 B 标准，提高为《城镇污水处理厂污染物排放标准》（GB 18918—2002）一级 A 标准。图 3-2 所示为污水处理厂总图布置。

二、邛海污水处理厂工艺介绍

设计规模的确定：2012 年对邛海污水厂进行二期改扩建工程，改扩建完成后，邛海污水厂设计处理规模为 2 万吨/天，出水水质标准执行《城镇污水处理厂污染物排放标准》（GB 18918—2002）一级 A 标准。受纳水体为海河。二期扩建规模分污水厂扩建规模和厂外配套管网建设规模两部分。

图 3-2　污水处理厂总图布置

服务区域：原一期服务范围为海河以南至海南乡一带，即泸山东麓脚下，邛海西岸的狭长带状区域，改扩建工程完成后，除原一期服务范围外，调整扩大为河东居住一片区东南部及大致以川兴镇为中心的田园休闲旅游区。

服务区域人口情况：经统计该区域服务人口约 7.6 万。

最大设计水量：设计处理规模 20 000 m^3/d，总变化系数 $K_{总} = 1.58$。

水质达标要求：出水水质标准执行《城镇污水处理厂污染物排放标准》（GB 18918—2002）一级 A 标准。

1. 处理工艺流程的选择

污水厂一期工程原设计的处理出水水质为一级 B 标准，按环保部门要求，改扩建后需达到的处理出水水质标准为一级 A 标准。相对于一级 B 标准而言，一级 A 标准在 COD_{Cr}、BOD_5、SS、NH_3-N、总氮、总磷六个指标上均比一级 B 要求更高，特别是总磷指标，排放标准由 1.5 mg/L 提高到 0.5 mg/L。为使处理出水达到一级 A 标准，一方面需对原有一期工艺进行优化；另一方面，对目前一期工程中已出现的问题，需一并整改，这样，才能保证改造之后一、二期工程的良好衔接。

2. 原邛海污水厂一期工程中存在的问题

通过对污水处理厂多年的运行现场调查，目前污水处理厂运行过程中存在的问题主要有以下几点：

（1）目前 BAF 滤池采用的风机为国产罗茨风机，而且鼓风机房全部设置于地下，运行过程中产生的 噪声非常大，而且一天 24 h 不间断运行，不但机修工下去维修时难以忍受，就连周围居民也多次向污水厂反映夜间风机噪声影响休息。

（2）原设计 BAF 滤池反冲洗风机风压偏高，造成反冲洗时滤料膨胀度过高，跑砂现象严重。

（3）污泥浓缩池浓缩效果不佳，从溢流堰出来的并非上清液，仍基本为稀泥。

（4）出厂水出水不畅，遇海河水位高时则厂内即出现积水情况，亟须对出水系统进行改造。

邛海污水厂提标改扩建工程，在选择污水、污泥处理工艺时应遵循以下几条原则：

（1）采用的工艺必须先进可靠，能使处理后出水稳定，达到一级 A 标准。

（2）采用的工艺必须能与一期工艺良好衔接，二期扩建部分需在平面及流程上与一期工艺相协调，确保改扩建后整个厂能长期正常稳定运行。

（3）改扩建工艺的选择需解决一期工程运行中已产生的问题。

（4）改扩建工艺需充分挖掘一期工程的潜力，以最大限度地降低整个工程的投资造价。

二期改造中须对现有一期污水厂处理构筑物情况分析，对污水处理效果及运行中存在的问题进行梳理，主要存在如下问题：

一期工程主要生产处理构筑物为粗格栅间及进水泵房、细格栅及旋流沉砂池、絮凝斜管沉淀池、BAF 生物滤池、污泥浓缩及脱水车间、接触消毒池、加药加氯间、配电间。

（1）粗格栅间及进水泵房。

现有规模为 1.0 万 m^3/d，无扩容余地。二期扩建考虑新建一座 1.0 万 m^3/d 粗格栅间及进水泵房。

（2）细格栅及旋流沉砂池。

现有规模为 1.0 万 m^3/d，无扩容余地。二期扩建考虑新建一座 1.0 万 m^3/d 粗格栅间及进水泵房。

（3）絮凝斜管沉淀池。

网格反应斜管沉淀池现有规模为 1.0 万 m^3/d。絮凝时间约为 24 min，斜管沉淀池上升流速约为 0.7 mm/s。如将网格反应斜管沉淀池改造为 2.0 万 m^3/d 规模深度处理的反应沉淀工艺，絮凝时间约为 12 min，斜管沉淀池上升流速约为 1.4 mm/s。这一参数与一般深度处理反应沉淀工艺相当。因此，絮凝沉淀池具有挖潜改造余地。

（4）BAF 生物滤池。

BAF 生物滤池现有规模 1.0 万 m^3/d。滤速为 3.5 m^3/h 左右。如将 BAF 生物滤池改造为 2.0 万 m^3/d 规模深度处理的过滤工艺，滤速为 7 m^3/h 左右。这也与一般深度处理过滤单元滤速相当。因此，BAF 生物滤池也具有挖潜改造余地。

（5）污泥浓缩及脱水车间。

脱水车间目前有脱水机两台，运行现状为每两天运行约 4 h，二期改扩建实施后，延长脱水机工作时间即可。因此，脱水车间处理能力尚有富余，可满足二期扩建后污泥脱水需要，二期不再增加污泥脱水设备。

（6）接触消毒池。

一期接触消毒池有效容积为 687 m^3，最大来水量时接触时间约有 62 min，池容富余能力较大，二期扩建后水量规模为 2 万 m^3/d，接触时间仍可保证在 30 min 以上，满足规范要求，因此，二期改扩建工程不考虑新建接触消毒池。

（7）加药加氯间。

一期工程加药间及加氯间均较空旷，二期改扩建不新建加药间，只根据需要增加设备。

（8）配电间。

一期工程配电间已无增加配电柜余地，二期需考虑另行增加配电间。

3. 邛海污水厂二期工程工艺选择方案

针对二期改扩建工程，在经过详细的现场调查和多方面技术、经济比较后，提出邛海污水厂改扩建方案一、方案二如下：

方案一：

（1）方案一污水处理扩建工程主要内容为：

新建粗格栅及进水泵房一座（1 万 m^3/d）、细格栅及曝气沉砂池一座（1 万 m^3/d）、微孔曝气改良氧化沟一座（1 万 m^3/d）、二沉池两座（单座 0.5 万 m^3/d，D = 18 m）、盘式滤池一座（1 万 m^3/d）、鼓风机房一座（1 万 m^3/d）。

（2）方案一污水处理改造工程主要内容为：

在反应沉淀池前加厌氧和缺氧池，池中加设弹性填料。尺寸为 $L \times B \times H$ = 20 m×11 m×5.0 m，内设弹性填料，高度 3 m，ϕ = 150，PVC 材质，600 m^3。新建溢流提升房 1 座（2 万 m^3/d）。

方案二：

新建一套 2.0 万 m^3/d 规模的二级处理构筑物，同时将现有的沉淀+BAF 工艺改造为 2.0 万 m^3/d 规模的深度处理工艺。本方案的特点是扩建与改造有机地融为一体，二级处理出水经过沉淀和过滤工艺，能完全保证出水达到 GB 18918—2002 一级 A 标准。

（1）方案二污水处理扩建工程主要内容为：

新建粗格栅及进水泵房一座（1 万 m^3/d）、细格栅及曝气沉砂池一座（1 万 m^3/d）、微孔曝气改良型 A^2O 生物池 1 座（2 万 m^3/d）、二沉池两座（单座 1 万 m^3/d，D = 25 m）、鼓风机房 1 座（2 万 m^3/d）。

（2）方案二污水处理改造工程主要内容为：

将原沉淀池进出水管由原来的 2 根 DN400 改为 2 根 DN500 管；将滤池内 4 根 DN250 进水管改造为 4 根 DN300 进水管。沉淀池及滤池内其他设备不做变动。新建一座溢流提升泵房（2 万 m^3/d）。

以上两种方案处理技术经济比较见表 3-23。

表 3-23　方案一和方案二污水、污泥处理技术经济比较

内容方案	方案一	方案二
工程内容	粗格栅间及进水泵房 1 座（1 万 m^3/d）	同方案一
	细格栅及曝气沉砂池 1 座（1 万 m^3/d）	同方案一
	微孔曝气改良氧化沟 1 座（1 万 m^3/d）	微孔曝气改良 A^2O 生物池 1 座（2 万 m^3/d）
	鼓风机房 1 座（1 万 m^3/d）	鼓风机房 1 座（2 万 m^3/d）
	盘式滤池 1 座（1 万 m^3/d）	无

续表

内容方案	方案一	方案二
工程内容	厌氧缺氧池1座（1万 m^3/d）	无
	斜板污泥浓缩池（2万 m^3/d）	斜板污泥浓缩池（2万 m^3/d）
	溢流提升泵房（2万 m^3/d）	同方案一
	配电间（108 m^2）	同方案一
	除臭站（6 000 m^3/h）	同方案一
	无	沉淀池改造为2万 m^3/d 规模的深度处理沉淀池。只需增大进出水管径即可
	无	现有BAF生物滤池改造为2万 m^3/d 规模的深度处理沉淀工艺。只需要增大进出水管径即可
出水水质	扩建部分为二级处理出水直接经过盘式滤池过滤，出水难以完全保证稳定达到一级A标准。 改造部分为沉淀池前增加厌氧缺氧池。 厌氧缺氧池虽有填料，但反冲洗废水的活性生物量少，厌氧缺氧池污泥浓度难以保证，脱氮除磷效果不好，难以达到一级A标准对氮和磷的要求	二级处理采用改良 A^2O 生物池，在二级处理阶段完成脱氮和绝大部分的除磷以及有机物去除工作。二级处理之后为沉淀和过滤工艺，进一步去除SS和总磷，出水水质完全达到一级A标准
工程投资	2 032.7万元	2 119.8万元
运行管理	扩建和改建部分为两种完全不同的处理工艺，运行管理复杂	扩建与改建工程有机地融为一体，且二级处理和深度处理相互独立，运行管理简单，运行调度灵活
抗冲击负荷能力	扩建部分采用改良氧化沟工艺，抗冲击负荷能力强。 改建部分增加的厌氧缺氧池与现有BAF池运行不是太协调，抗冲击负荷能力差	二级处理采用改良 A^2O 工艺，抗冲击负荷能力强。且绝大部分污染物都在二级处理阶段去除，对后续的深度处理压力小，处理效果稳定
对现厂影响	两套不同处理的系统，对现有管理水平提出更高要求。 改建部分需要将现有处理系统停产后才能进行，对环境会造成一定的污染。 新建的厌氧缺氧池用地紧张，对现有构筑物的基础可能会有影响，施工难度大	一整套完整的二级和深度处理系统，现有管理水平即能满足要求。 施工时，可先进行新建构筑物的施工，对现有构筑物几乎无影响。 待新建构筑物施工完成，污水处理厂可在短期内执行一级B的排放标准。同时进行反应沉淀池和BAF生物滤池的改造。 待反应沉淀池和BAF生物滤池改造完成，二级处理出水即可进入深度处理系统，对环境的污染降到最低

综合上表可总结两个方案的优缺点如下：

方案一

优点：投资比方案二少 87 万元。

缺点：出水水质难以保证；运行管理复杂；对现厂运行有较大影响。

方案二

优点：出水水质稳定；运行管理简单；对现厂运行几乎无影响。

缺点：投资比方案一稍高。

方案二虽然比方案一投资稍多，但处理效果稳定，运行管理简单，因此推荐方案二。从而确定本次改扩建工程的污水处理工艺流程为：

一期粗格栅间及进水泵房 → 细格栅及旋流沉砂池 二期粗格栅间及进水泵房 → 细格栅及旋流沉砂池	→改良 A^2O 生物池→辐流式二

沉池→絮凝反应斜管沉淀池→滤池→接触消毒池→出水

污泥脱水机房有离心脱水机两台，一用一备，单台处理能力 5 ~ 10 m^3/h。每日需离心脱水的浓缩污泥为 110 m^3/d，按单台离心脱水机工作时间 12 h 计算，满足处理要求，脱水机房不增加设备，不扩建。

4. 邛海污水处理厂最终采用的工艺确定

污水处理主体处理工艺是以“生化处理”为核心，通过预处理、生化处理、深度处理三个阶段，使水中有害物质得以降解，达到既定的排放标准。

（1）预处理：污水预处理一般包括粗、细格栅以及提升泵房和沉砂池等构筑物对污水进行物理处理。格栅处理主要是截流大块物质以保护后续水泵管线、设备的正常运行。提升泵房提高水头，保证污水可以在重力作用下流过后续构筑物。沉砂池：去除污水中裹携的砂、石及大块颗粒物，减少后续构筑物的沉降，减少对管道及设备的磨损，减少对后续构筑物的负荷冲击。本项目设有粗、细格栅，沉砂池选择曝气沉砂池。

（2）生化处理：污水处理是以生化处理为核心，通过“微生物在生化过程中微生物的生长代谢过程”“污水中底物浓度在生化处理过程中的消耗、降解过程”和“污水生化处理过程中溶解氧随生化处理过程的不同而变化的过程”，使水中底物浓度得以降低，从而达到净化处理的目的。本项目生化处理采用改良 A^2O 生物池为主体的生化处理工艺。

在曝气池（阶段）通过微生物的新陈代谢将污水中的大部分污染物变成 CO_2 和 H_2O。二沉池将曝气池中的混合液进行泥水分离，污泥沉在池底，通过管道和泵回送到曝气池与新流入污水混合；二沉池上清液则流出污水厂。

（3）深度处理：对生化处理阶段后的污水进一步处理，通过沉淀（过滤）等方式，确保出水水质稳定达标，生化处理后的混凝沉淀与过滤的功能，对进一步降低出水 SS 具有非常重要的作用。消毒处理通过加氯消毒及接触池，使出水细菌总数达标。

工艺选择优缺点比较：

通过对邛海污水厂做的方案一和方案二的污水、污泥处理技术及经济比较，结合一期处理效果、出水水质情况以及对一期污水处理中存在的问题梳理和优化整改，最终确定邛海污水厂二期扩能、提质增效处理工艺为：

原水→粗格栅间及进水泵房→细格栅及旋流沉砂池→改良 A^2O 生物池→辐流式二沉池→絮凝反应斜管沉淀池→滤池→接触消毒池→出水。

消毒方式：采用使用极为广泛、效果较好、管理方便的二氧化氯消毒。

污泥脱水：污泥处理遵循“资源化、稳定化、无害化、减量化”的原则，通过浓缩、机械脱水处理，进一步减少污泥体积，使之成饼便于运输。本项目采用离心脱水机脱水后含水率低于 80%，外运卫生填埋处理方式。

除臭工艺选择：臭气处理的方法可以分成吸收吸附法和燃烧法两种，吸附法的主要代表有活性炭滤池、化学吸附法、生物吸附法、中性洗液法。

污水处理厂中除臭有三种典型方法：水清洗和药液清洗法、活性炭吸附法或生物滤池脱臭法，经过技术、经济等综合比较，最终确定邛海污水厂除臭采用生物滤池除臭法。

5. 主要设备材料表

（1）粗格栅及进水泵房（见表 3-24）。

表 3-24　粗格栅及进水泵房设备材料

序号	名称	规格	单位	数量	备注
1	粗格栅	$B = 800$ mm，$H = 6.8$ m，$b = 20$ mm，$S = 10$ mm	台	2	回转式
2	矩形手动闸板	$B \times H = 600$ mm×600 mm，$H_z = 6.15/6.35$ m	台	2，2	配启闭机
3	潜水排污泵	$Q = 210$ m^3/h，$H = 11 \sim 14$ m，$N = 18.5$ kW	台	4	3 用 1 备
4	蝶式缓闭止回阀	DN250，1.0 MPa	台	4	
5	手动蝶阀	DN250，1.0 MPa	台	4	
6	MD13-12D 电动葫芦	$W = 3$ t，$H = 12$ m，$N =$（3+0.4+0.4）kW	套	1	

（2）细格栅及沉砂池（见表 3-25）。

表 3-25　细格栅及沉砂池设备材料

序号	名称	规格	单位	数量	备注
1	孔板式格栅除污机	$B = 800$ mm，$b = 1$ mm，$P = 1.1$ kW	台	1	
2	平板格栅	$B = 800$ mm，$S = 10$ mm，$b = 5$ mm，$\alpha = 60°$	台	1	
3	螺旋沙水分离机	$Q = 5 \sim 12$ L/s，$P = 0.37$ kW	台	1	

续表

序号	名称	规格	单位	数量	备注
4	桥式双槽吸砂机	吸砂泵 $Q=25\ m^3/h$，$H=8\ m$，$N=2\times1.5\ kW$	台	1	
5	鼓风机	$Q=6.64\ m^3/min$，$P=59\ kPa$，$N=15.0\ kW$	台	2	
6	方形铸铁闸门	$B\times H=500\ mm\times500\ mm$	台	2	配启闭机
7	插板闸门	渠宽 800 mm，渠深 1 400 mm	台	2	
8	插板闸门	渠宽 1 200 mm，渠深 1 400 mm	台	1	
9	调节堰门	$B\times H=1\ 500\ mm\times500\ mm$，下开式	台	2	

（3）改良 A^2O 生物池（见表 3-26）。

表 3-26　改良 A^2O 生物池设备材料

序号	名称	规格	单位	数量	备注
1	潜水推流器	额定功率 $N=2.2\ kW$，ϕ 2 500	台	4	缺氧池内
2	潜水推流器	额定功率 $N=4.0\ kW$，ϕ 2 500	台	4	好氧池内
3	立式搅拌器	额定功率 $N=0.5\ kW$，ϕ 1 400	台	12	预缺氧池，厌氧池内
4	潜水排污泵	$Q=210\ m^3/h$，$H=11\sim14\ m$，$N=18.5\ kW$	台	4	3 用 1 备
5	混合液回流泵	$Q=415\ m^3/h$，$H=0.5\sim0.8\ m$，$N=28\ kW$	套	4	
6	手动闸门及启闭机	DN600，0.5 t	台	2	
7	移动式潜水泵	$Q=100\ m^3/h$，$H=10\ m$，$N=5.5\ kW$	台	1	
8	手动蝶阀	DN100	台	10	
9	手动闸阀	DN300	台	4	

（4）二沉池、配水排泥井、污泥泵房及深度处理提升泵房（见表 3-27）。

表 3-27　二沉池、配水排泥井、污泥泵房及深度处理提升泵房设备材料

序号	名称	规格	单位	数量	备注
1	中心传动单管吸泥机	$n=3.0\ m/min$，$N=0.37\ kW$	台	2	
2	排渣堰门	$B\times H=500\ mm\times500\ mm$	台	2	

续表

序号	名称	规格	单位	数量	备注
3	潜水泵	Q = 415 m^3/h，H = 6.0 m，N = 11 kW	台	3	污泥泵房
4	潜水泵	Q = 50 m^3/h，H = 12.0 m，N = 4.0 kW	台	2	污泥泵房
5	潜水泵	Q = 415 m^3/h，H = 8 m，N = 11 kW	台	3	提升泵房
6	手动闸板	DN600	台	2	
7	手动闸阀	DN150	台	2	
8	手动闸阀	DN500	台	2	

（5）鼓风机房（见表 3-28）。

表 3-28　鼓风机房设备材料

序号	名称	规格	单位	数量	备注
1	多级离心风机组	Q = 90 m^3/min，P = 70 kPa，N = 160 kW	套	2	
2	法兰式手动蝶阀	DN150，1.0 MPa	台	2	
3	蝶式止回阀	DN150，1.0 MPa	台	2	
4	法兰式手动蝶阀	DN150，1.0 MPa	台	1	
5	LX 型电动单梁悬挂	W = 5 t，跨度 = 6.0 m，H = 6.0 m	套	1	
6	轴流风机	D = 355 mm，Q = 3 265 m^3/h，P = 93 Pa	台	6	

（6）溢流提升泵房（见表 3-29）。

表 3-29　溢流提升泵房设备材料

序号	名称	规格	单位	数量	备注
1	潜污泵	H = 3.5 m，Q = 660 m^3/h，N = 7.5 kW	台	3	
2	蝶式缓闭止回阀	DN350，1.0 MPa	台	3	
3	手动蝶阀	DN350，1.0 MPa	台	3	
4	MD13-12D 电动葫芦	W = 2 t，H = 5 m	套	1	
5	手动蝶阀	DN800，1.0 MPa	台	1	

（7）斜板污泥浓缩池（见表 3-30）。

表 3-30　斜板污泥浓缩池设备材料

序号	名称	规格	单位	数量	备注
1	电动蝶阀	DN125	台	1	
2	伸缩节	DN200/DN125	台	2	

（8）加氯间、加药间（见表 3-31）。

表 3-31　加氯间、加药间设备材料

序号	名称	规格	单位	数量	备注
1	二氧化氯发生器	4 000 g/h	台	1	
2	隔膜式计量泵	176 L/h	台	1	

6. 物料平衡分析

成本费用是反映产品生产中资源消耗的一个主要基础数据，是形成产品价格的重要组成部分，是影响经济效益的重要因素。本工程所有的原材料、辅助材料、燃料动力价格均按市场价格和当地实际价格计算。年处理总成本费用包括：能源消耗费、药剂费、工资福利费、固定资产折旧费、无形及递延资产摊销费、大修理费用、管理费用和其他费用及利息支出。年经营成本费用是指总成本费用扣除固定资产折旧费、无形资产及递延资产摊销费和利息支出以后的全部费用。

所有的原材料、辅助材料、燃料动力价格均按市场价格和当地实际价格计算（以 2012 年数据计算），平均成本分析计算见表 3-32。

表 3-32　平均成本分析计算

序号	费用名称	单位	费用	备注
1	外购原材料费	万元	284.37	
2	外购燃料及动力费	万元	145.59	
3	职工薪酬	万元	58.50	
4	修理费（2.0%～3.0%）	万元	111.44	修理费率 2.0%
5	污泥处置费	万元	66.92	按 50 元/吨
6	其他费用	万元	59.99	
7	经营成本（1+2+3+4+5+6）	万元	726.81	
8	折旧额	万元	268.10	折旧率 4.80%
9	摊销费	万元	0.68	
10	利息支出	万元	6.68	
	其中：国内贷款利息	万元		贷款利率为 7.05%
	国外贷款利息	万元		
	流动资金贷款利息	万元	6.68	贷款利率为 6.56%
11	总成本费用合计（7+8+9+10）	万元	1 002.26	
	其中：可变成本	万元	436.64	
	固定成本	万元	565.62	
12	年总处理水量	104 m^3	730.00	
13	单位处理水总成本	元/m^3	1.37	
14	单位处理水经营成本	元/m^3	1.00	

本工程设计规模为 2 万 m^3/d，污水处理后排放标准为一级 A 标准，含深度处理工艺，污水处理厂年总用电量为 257 万 kW · h，处理每立方米污水用电量为 0.35 kW · h。

邛海污水厂改扩建工程建成后，将大大降低城市污水对环境的污染，预计本工程每年可减少污染物排放总量为：

COD：1 971 t；

BOD：5 876 t；

SS：1 971 t；

TN（以 N 计）：146 t；

NH_4-N（以 N 计）：182.5 t；

TP（以 P 计）：25.5 t。

7. 邛海污水厂处理进水、出水水质指标

经过多年运行统计，实测平均进水水质：COD_{Cr} 260 mg/L，BOD 5104 mg/L，SS 230 mg/L，总氮 29.7 mg/L，总磷 3.3 mg/L。

实测出水水质：COD_{Cr} 15 mg/L，BOD 58 mg/L，SS 8.50 mg/L，总氮 8 mg/L，总磷 0.20 mg/L。

经运行检验，出水完全达到《城镇污水处理厂污染物排放标准》（GB 18918—2002）一级 A 标准。

8. 污水厂出水稳定排水达标性分析

污水厂一期工程原设计的处理出水水质为一级 B 标准，2012 年开始对邛海污水厂进行扩能、提质增效技术改造工程，出水水质由原执行《城镇污水处理厂污染物排放标准》（GB 18918—2002）一级 B 标准，调整为执行其一级 A 标准。

本次技术改造中对污水处理工艺的选择包括：预处理、生化处理、深度处理三个阶段，二期工程沿用一期预处理方式，设有粗、细格栅和曝气沉砂池；生化处理与一期相比，调整为改良 A^2O 生物池为主体的生化处理工艺+辐流式二沉池，二级处理采用改良 A^2O 工艺，抗冲击负荷能力强，且绝大部分污染物都在二级处理阶段去除，对后续的深度处理压力小，处理效果稳定，二级处理之后为沉淀和过滤“双保险”工艺，对进一步去除和稳定出水 SS 和总磷、出水水质稳定达到一级 A 标准奠定了良好基础；深度处理将现有的絮凝斜管沉淀池+BAF 生物滤池改造为 2.0 万 m^3/d 规模的深度处理工艺，为污水处理中的难点“SS”和“总磷”的去除提供了有力保障。

同时，邛海污水厂进一步加强职工技术、运行管理的培训、学习、提高，通过“请进来、走出去”并结合一期运行管理的经验，强化生化处理、强化化学除磷、强化污泥脱水处理等重点岗位管理工作，加强污水管网巡查、维护、维修力度，杜绝雨水管乱接、混接现象，确保进厂污水水质，确保污水生化处理正常，确保污水出水水质稳定达标。

三、进一步提高净化效果的方案

目前，邛海污水厂各项运行指标正常，出水水质完全能达到《城镇污水处理厂污染物排放标准》（GB 18918—2002）一级 A 标准，但也存在一些问题：

1. 市政设施欠账，雨、污管网分流不彻底

邛海污水厂设计能力 2 万吨/天，现进水量已达 1.9 万吨/天左右，由于雨、污分流不彻底，导致雨水季节部分雨水进入污水厂，本已接近满负荷运行的污水厂无力再承担这部分额外“污水”，造成污（雨）水水淹厂区，每年均会造成一定程度的“内涝”，同时因污水处理能力有限，短期会出现非达标排放。

2. 污水处理费较低，入不敷出，收支倒挂

多年来，污水处理费严重偏低，出现入不敷出、收支倒挂现象，收取的污水处理费仅够支付人工费、药剂费、电费，没有积累用于技改、设备大修等开支。同时，供排水企业既要管厂、又要管网，而污水处理费收取中却不包括管网雨、污分流改造和维修费用。

3. 服务范围过大，污水中途提升泵房较多，运行管理难度较大

邛海污水厂原服务范围为海河以南至海南乡一带，即泸山东麓脚下、邛海西岸的狭长带状区域，改扩建完成后服务范围扩大为河东居住一片区东南部及大致以川兴镇为中心的田园休闲旅游区。仅沿邛海敷设的截污管网接近 40 km 长，沿途有污水中途提升泵房 10 多座，运行管理、巡查、维护维修任务重，同时较多的泵站也是运行费用较高的重要原因。

4. 服务范围内餐饮企业较为集中，污水含油及其他颗粒较多，处理难度较大

餐饮企业按照规范要求需设置隔油池，但现实的情况是，部分餐饮企业未按规范要求设置隔油池，部分设置了隔油池的也仅仅是“摆设”，多年不清掏，形同虚设。含油较高的污水进厂后处理难度增加；另一方面，大量的火锅废水中含辣椒、花椒等质量较轻、呈悬浮状的“种子”颗粒，处理难度也较大。

以上这些问题，单单依靠污水厂，解决起来难度极大、效果甚微，需要依靠各级各部门的支持和重视，为此建议：

（1）地方政府应加大雨、污分流的力度，统一规划、分期实施，特别是老城区，只有这样才能从根本上解决进厂水水质、水量的问题，减轻污水厂处理负荷，避免在雨水季节不仅要处理污水，还要处理部分“雨水”现象发生。

（2）适当调整污水处理费，使污水厂正常进行设备大修、更换，及时维护维修，同时还要有一定积累用于管网建设、维护维修，确保污水厂和管网正常运行。

（3）加大对排污企业排水的合规检查，规范排水企业行为，特别是餐饮企业废水排放检查力度；开展雨水、污水检查，杜绝雨污混接、乱接现象，确保进厂水水质、水量，减轻污水厂运行负荷。

第三节 采矿废水污染控制工程案例

——重钢西昌矿业有限公司采选扩建工程防排水设计

一、采选扩建工程概况

1956 年发现的位于西昌市安宁河西岸的太和钒钛磁铁矿区属攀西四大钒钛磁铁矿床之一，已探明的工业储量 2.92 亿吨，整装勘察远景储量超 17 亿吨。太和钒钛磁铁矿区 1988 年形成 70 万吨原矿采选产能、2005 年形成 220 万吨原矿采选产能、2012 年形成 300 万吨原矿采选产能，2017 年再次启动采选产能扩建，预计 2023 年底形成 1 000 万吨（直采 800 万吨原矿、低品位矿综合利用回收矿石 200 万吨）采选产能。

太和钒钛磁铁矿区现矿权人（重钢西昌矿业有限公司）1 000 万吨采选产能扩建项目是在原有 300 万吨采选产能的基础上进行扩建。其中露天采场是在当期开采平面范围内（平面面积 1.903 6 km^2，采深标高 1 470 m），深部延伸至标高 1 380 m，设计采出工业入选矿石 800 万吨，低品位矿综合利用回收矿石 200 万吨；选别系统在现有的基础上进行设备改造升级至 1 000 万吨的处理能力，同期建设完善排土场、尾矿库等配套设施。项目概算新增投资 41.5 亿元。本项目采选扩建总平面布置如图 3-3 所示。

二、项目露天采场上游地表径流河道截流改道

项目区域周边水系发育，河流、溪流等均属金沙江主干支流雅砻江水系，主要河流为安宁河，以及安宁河上的破石头沟、蚂蟥沟、马槽沟、小麻柳沟及各山间次级冲沟、溪流，各主要河流（山溪沟）位置如图 3-4 所示。

项目所在区域年最大降雨量 1 349 mm，年平均降雨量 1 021 mm，每年 5 月下旬至 10 月中下旬雨季期间降雨量占比达 93%，历史记载数据最长连续降雨 27 d，降雨量达 282.4 mm。流经太和钒钛磁铁矿区中部的破石头沟由上游蚂蟥沟与马槽沟两条支沟汇合而成，比降 4% ~ 6%，流量变化大，雨季暴雨暴涨，50 年一遇洪水的洪峰流量为 398 m^3/s，且暴雨后常发生瞬间山洪泥石流。

项目业主于 2009 年对该沟进行了改道，采用截水坝、竖井及引水隧道相结合的方式，在两沟交汇处下游直线距离约 300 m 处进行拦截，将沟水利用竖井将其引入隧道并绕过采矿区，在下游并入原有河道汇入安宁河。

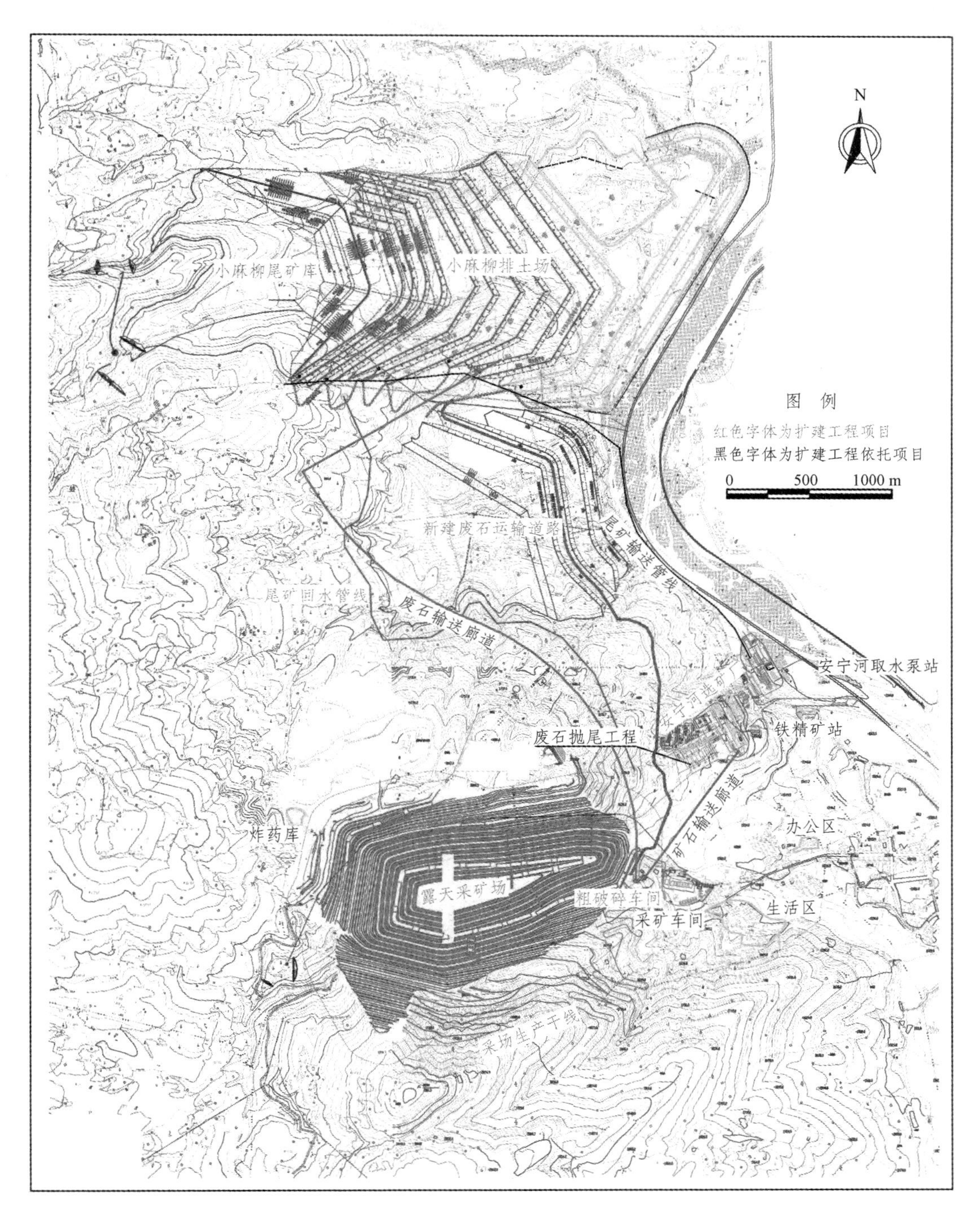

图 3-3　太和钒钛磁铁矿区（重钢西昌矿业有限公司）采选扩建总平面布置图

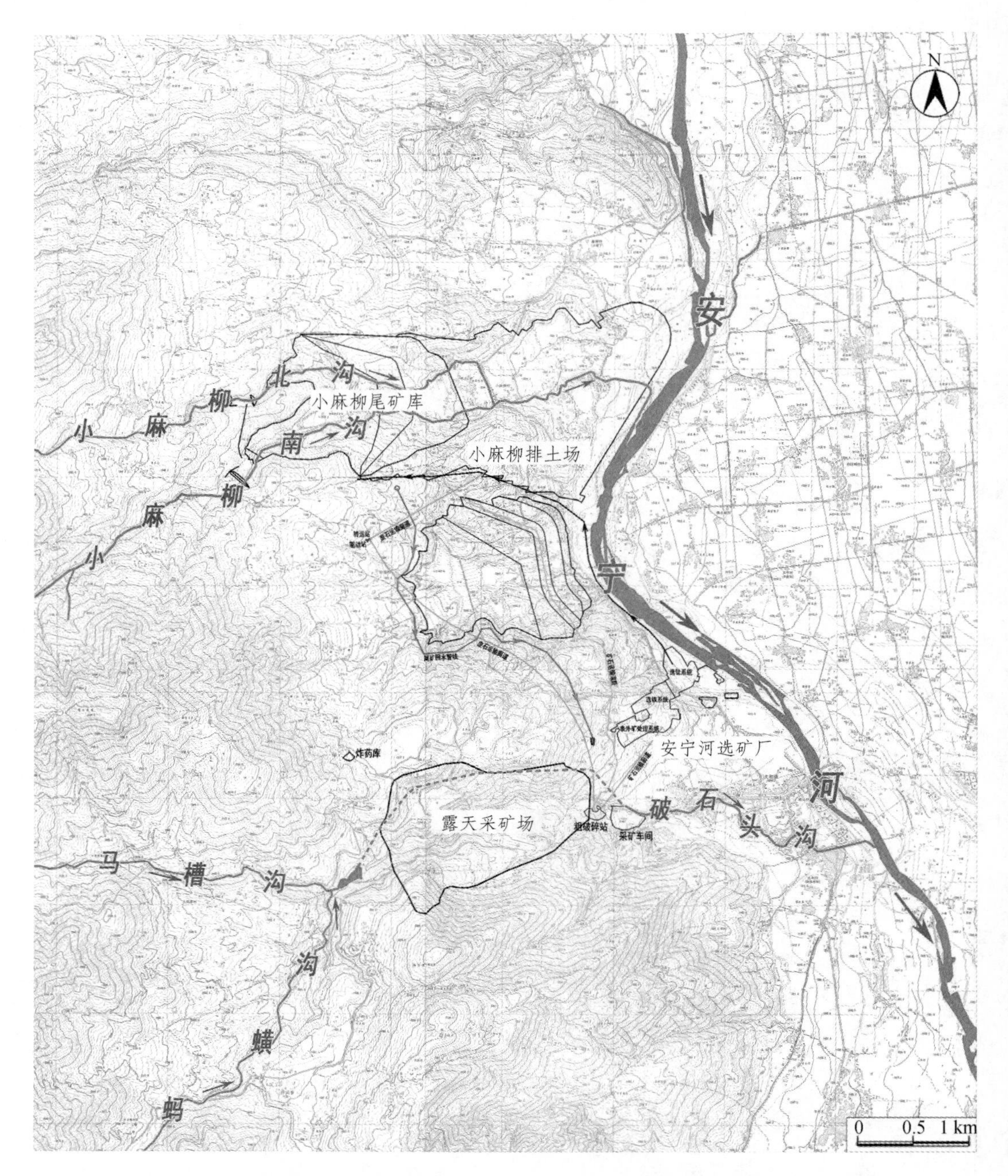

图 3-4　太和钒钛磁铁矿区（重钢西昌矿业有限公司）项目区域周边水系图

三、项目露天采场防排水

项目所在矿区被破石头沟贯穿采场中部，将设计主采矿体分隔为南北两部分，露天采场北西南三面为高山所环绕，东面敞开，为破石头沟出口，破石头沟出口露天采场最低标高 1 575 m。北山头矿体埋藏最高标高为 1 830 m，南山头为 1 806 m。矿体产于含矿流层状辉长岩相带中，含矿带走向北 60°东，倾向南东，倾角 55° ~ 70°，走向长 3 500 m，厚 400 ~ 700 m，矿体上小下大，上部为第四系表土所覆盖，尤其是采场西部和东南部表土层厚达 200 余米。

项目在形成 300 万吨采选产能之前，露天开采集中在北采场，当期最高开采标高 1 854 m、最低开采标高 1 578 m；南采场最高开采标高 1 806 m，最低开采标高 1 710 m；南北采场封闭圈开采台阶标高 1 758 m。露天采场平面布置如图 3-5 所示。

1. 矿体采剥顺序与矿岩运输

南部采场有两个山头，采用从上至下的缓帮剥离方式进行剥离，1 734 m 水平以下分两个条带进行开采，第一个条带开采时，形成临时非工作帮。第二条带待上部山头扩帮下降后，再进行扩帮，并一次扩帮至最终境界。待两个山头扩帮下降至与第一条带开采联成一体后，再向南北采场统一过渡。

北部采场采用倾斜条带扩帮方式，将北部采场上部扩帮部分分为两个条带，条带宽度 100 m 左右，即第一条带推进到预定位置时，停止推进，转到下部台阶采剥，加大扩帮下降速度，第二条带一次推进到最终境界。

项目工程表土直接由汽车运往小麻柳排土场，矿石和废石采用汽车-胶带联合运输方案，其中采场至粗破碎车间采用汽车运输，粗破碎车间至小麻柳排土场或安宁河选矿厂采用胶带运输，超过胶带运输能力部分采用汽车运输。在矿山开采初期，南北采场各自形成一套开拓运输系统。从 1 575 m 水平开始，采场进入深凹露天开采后，合为一套开拓运输系统，采场内公路布置在最终边坡上，采用折返式布线，总出入沟台阶标高为 1 578 m。

2. 矿床水分地质条件

矿区含水层包括：

（1）第四系冲积、冰碛含水层：冲积物主要为砂卵砾石，一般胶结松散。冰碛层分布广泛，由亚黏土、轻亚黏土、砾石、漂石组成。漂石砾石含量为 10% ~ 50%，厚度达 200 余米，平均厚 25 m，属富水性较强的孔隙潜水。

（2）第三系黏土夹砂砾石含水层：为轻亚黏土、亚黏土夹砾石、漂石，其中，漂石、砾石占 30% ~ 40%，较密实，厚度为 26 ~ 105 m，属富水性较弱的孔隙承压水。

（3）风化及构造裂隙含水层（带）：辉长岩岩体分为风化裂隙和构造裂隙两个含水带。

① 风化裂隙含水带：分布较普遍，最大厚度 69 m，平均厚 28 m，属富水性中等的裂隙潜水。② 构造裂隙含水带：平均厚度 82 m，属富水性中等的承压水。

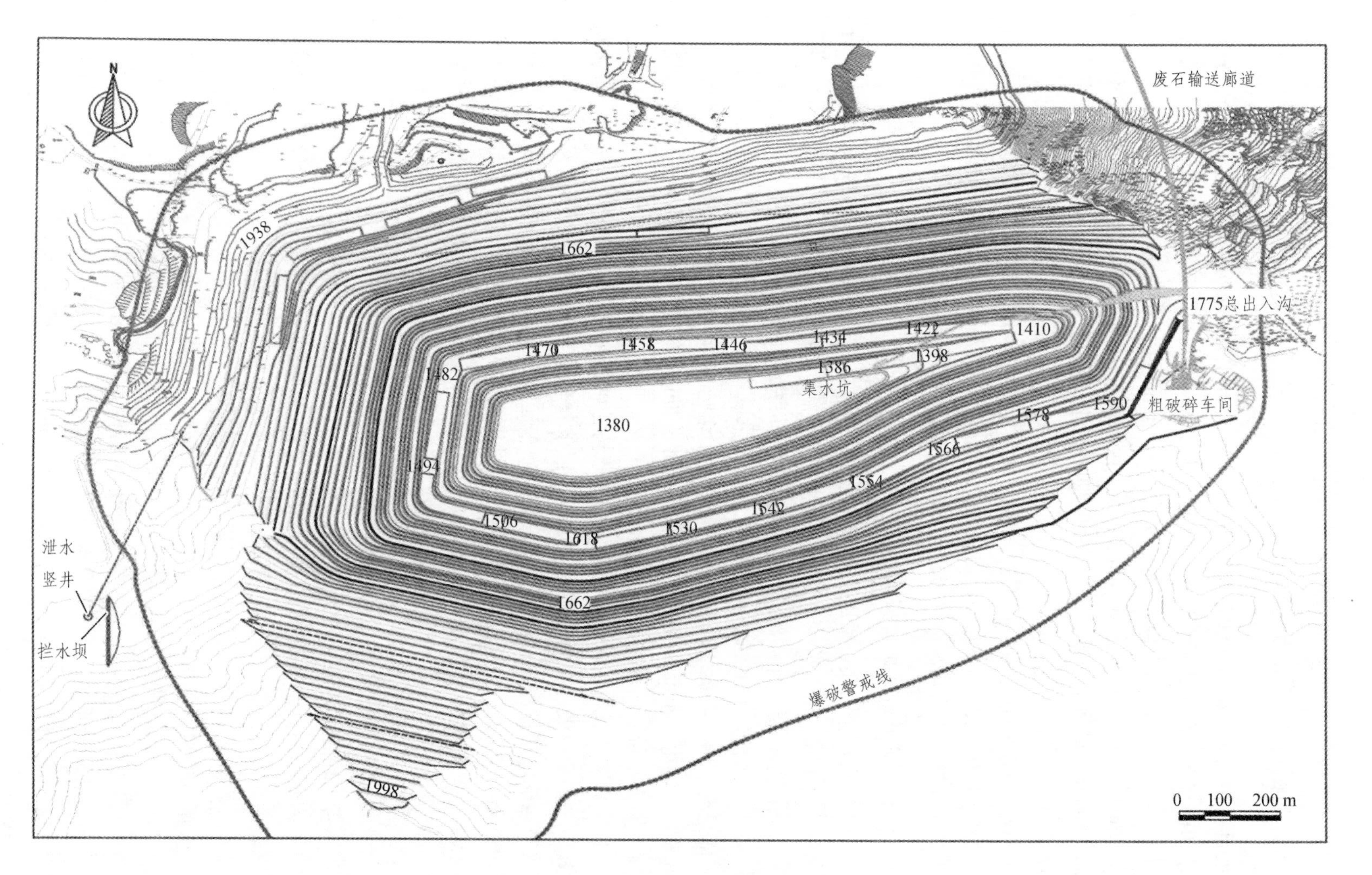

图 3-5 露天采场平面布置

各含水层（带）富水性不强，地下水动态随降水而变化，区内地形有利于排水，矿区水文地质条件简单。当矿区转入深凹露天开采时，水对开采影响较大，需要深部排水。

3. 露天采场水量计算

露天采场开采境界内的水量可分为两部分：一是地下水涌水量，二是大气降雨径流量。洪水计算采用《四川省中小流域暴雨洪水计算手册》（四川省水利电力厅编　一九八四年六月）中参数进行计算。

露天采场正常涌水量及 20 年一遇暴雨不同历时采场总水量计算的结果如表 3-33、表 3-34 所示。

表 3-33　露天采场正常排水量

排水阶段标高/m	地下水涌水量/（m^3/d）	雨季正常降雨径流量/（m^3/d）	正常排水量/（m^3/d）
1 380	2 511	2 399	4 910

表 3-34　20 年一遇暴雨不同历时采场总水量

历时/h	1	2	4	6	10	14	20	24	72	120	168
5%暴雨径流量/m^3	26 608	33 299	41 857	47 851	50 699	52 615	54 718	55 827	69 547	77 027	82 386
地下水涌水量/m^3	105	210	420	630	1 050	1 470	2 100	2 520	7 560	12 600	17 640
采场总水量/m^3	26 713	33 059	42 277	48 481	51 749	54 085	56 818	58 347	77 107	89 627	100 026

4. 露天采场防排水设计

露天采场封闭圈标高为 1 578 m，1 578 m 台阶以上大气降水径流量设在 1 698 m 和 1 590 m 台阶的截水沟排出采场外，采场排水主要是 1 578 m 台阶以下采场径流及地下涌水，其排水方案有露天移动泵排水和地下井巷排水两种方式。

（1）排水能力及标准。

排水能力：20 h 内排完 24 h 内正常涌水量；最大涌水量时允许最下一个台阶淹没 1 ~ 7 d；封闭圈以下正常涌水量：4 910 m^3/d（正常降雨量 2 399 m^3/d，地下涌水量 2 511 m^3/d）；封闭圈以下 24 h 最大暴雨涌水量：58 347 m^3/d。

（2）露天移动泵排水方案。

封闭圈以下的采场汇水汇集到最低开采阶段的集水坑，经移动泵站排出。采场每延伸一个水平，将泵站下移一次。

（3）斜井排水方案。

封闭圈以下的采场涌水及大气降水通过排水沟汇集到最低生产水平的集水坑，经集水坑沉淀后，溢出清水经本阶段排水平巷排至排水斜井，再由潜水电泵排出地表。需要排水最高台阶 1 566 m，最低台阶 1 380 m，台阶高度 12 m，共计 18 个阶段。

排水斜井：井口标高+1 580 m；倾斜角度 25°；井底标高 1 512 m。

1 530 m 台阶以下排水，根据采场下降的具体情况，在旱季再延伸斜井和掘进排水平巷。每次延伸 3 ~ 4 个台阶。

（4）排水设备选型。

根据 20 h 内需排完 24 h 内正常涌水量，正常涌水时，水泵排水能力不小于 250 m^3/h。5%暴雨频率时允许最后一个台阶淹没 2 d，水泵的排水能力应不小于 1 215 m^3/h。设计选用 YQ550-38/1-100/W-S 型潜水电泵三台。

正常涌水量时 1 台工作，1 台备用，1 台检修，8.93 h 内排出 24 h 涌水量；20 年一遇暴雨时 3 台同时工作，35.36 h 内排出 24 h、5%暴雨频率时的涌水量，即 5%暴雨频率时最低一个台阶淹没 1.5 d。

YQ550-38/1-100/W-S 型潜水电泵的主要参数：排水量 Q = 550 m^3/h，扬程 H = 38 m，功率 100 kW，电压 380 V。

排水管采用 2 根 ϕ325×7 mm 焊接钢管，正常涌水量时 1 用 1 备，最大涌水量时两根同时使用，沿地形敷设至排水隧洞消力池位置。

（5）排水方案选择。

移动泵站方案基建投资小，施工简单，但露天敷设管道和泵站对采场生产有一定影响；而斜井排水方案将管道和泵站布置在斜井中，对采场影响相比较小，但投资大，施工难度大，后期延伸较露天移动泵排水复杂。结合以上因素，露天移动泵方案虽然排水系统对生产有一定影响，但只要加强管理，生产中并非不能克服，从投资和施工方面考虑，设计推荐采用露天移动泵方案。

四、项目尾矿库截排洪系统设计

1. 尾矿库概况

扩建工程选矿规模 1 000 万 t/a，尾矿产率为 57.42%，达产期尾矿产生量为 574.2 万 t，服务期内，尾矿总产生量 14 153.87 万 t，尾矿平均堆积干密度 1.55 t/m^3，则所需尾矿库有效库容为 9 131.53 万 m^3/a。

小麻柳尾矿库库址位于西漂尾矿库北侧、小麻柳排土场上游（西侧），距离选矿厂约 4.5 km，库址所在区由两条支沟组成，支沟在库区内汇合，南、北及西面均为高山，东侧 1 km 为安宁河。

小麻柳尾矿库采用尾矿湿堆方式，尾矿库初期坝采用废石筑坝，分期建设，初期坝坝顶标高 1 750 m，坝高 152 m，库容 5 927.96 万 m^3，有效库容 4 445.97 万 m^3（库容利用系数 0.75）；后期采用尾矿进行上游式筑坝，设计终期堆积标高 1 790 m，总坝高 192 m，其中尾矿堆积坝高 40 m，总库容为 10 328.96 万 m^3，有效库容为 9 295.784 万 m^3。

根据《尾矿设施设计规范》（GB 50863—2013）对尾矿库等的规定，小麻柳尾矿库近期（坝高 152 m）为二等尾矿库，远期（坝高 192 m）为二等尾矿库。

2. 尾矿坝设施

（1）初期坝。

初期坝最终坝顶标高 1 750 m，初期坝高 152 m，坝顶宽 5 m，坝轴线总长 2 147.606 m，坝轴线转折处采用曲线段连接，坝体上游边坡坡比 1∶1.8，上游坡在不同筑坝期坝顶均预留 1 m 宽的放矿平台，同时在下游坡 1 605 m 标高堆石棱体上部设置一级 2 m 宽的平台。初期坝碾压坝体与下游直排废石料压坡体的分界线坡比为 1∶1，初期坝下游侧采用直排废石料进行压坡，最终形成的压坡体台阶边坡坡比不应缓于 1∶3，同时在 1 750 m 及 1 720 m 标高各设置一级 50 m 宽的反压平台，1 720 m 标高以下每隔 30 m 高差设置一级 100 m 宽的反压平台。由于尾矿坝下游紧邻排土场，且排土场顶部平台标高亦为 1750 m，因此尾矿坝最终标高时下游坝坡可不设马道。

初期坝坝体分四期建设，每一期坝体的下游侧须同步进行直排废石料反压加固，初期坝一期坝设计坝顶标高 1 680 m，相应坝高 70 m。初期坝二期坝设计坝顶标高 1 700 m，相应坝高 94 m。三期坝设计坝顶标高 1 720 m，相应坝高 116 m。四期坝即初期坝终期坝体设计坝顶标高 1 750 m。各期坝体坝顶宽均为 5 m，坝体上游边坡 1∶1.8、下游边坡 1∶2。初期坝各期坝体坝轴线随坝体升高整体向下游侧移动，保证坝体上游坡为固定边坡，上游坡反滤层随坝体上升逐渐铺筑。

同时为防止坝体及地基发生渗透破坏以及渗透水将尾矿颗粒带出，在初期坝上游坡面铺设碎石-无纺土工布-碎石反滤层，反滤层采用三层：第一层为 d_{50} = 30 ~ 50 mm 碎石，厚度为 0.5 m；第二层为土工布；第三层为 d_{50} = 30 ~ 50 mm 碎石，厚度为 0.5 m。反滤层边坡坡比为 1∶1.75，反滤层从坝底开挖标高按 1∶1.75 坡比铺设至坝顶位置，垫层和保护层同时铺填、均匀上升。为适应地基下沉变形及不均匀沉降的需要，土工布沿坝轴线每隔 5 m 做一个折叠，折叠宽度为 0.8 m，垂直坝轴线土工布与土工布搭接宽度不小于 0.4 m；坝体上游坡面土工布每间隔 15 m 左右设置一嵌固平台，同时土工布与两坝肩岸坡及沟底衔接处挖沟至基底以下不小于 1.0 m 处，将土工布头埋入沟内，并以 C15 混凝土回填锚固。坝体标高 1 700 m 以下土工布规格采用 500 g/m^2，1 700 m 以上采用 400 g/m^2。坝体上游反滤铺盖要求沿沟谷向坝前至少延伸 50 m 平铺土工布，并与坝坡土工布有效搭接。坝体上游面在反滤层上设置厚度不小于 0.5 m 的块石护坡。

（2）后期堆积坝及堆排工艺。

小麻柳尾矿库设计最终堆积标高 1 790 m，总坝高 192 m，其中尾矿堆坝高度 40 m，堆积坝最终坝顶轴线长 2 057.5 m。

在初期坝坝顶以上利用滩面粗粒堆筑子坝，采用推土机筑堤、人工压实、修整护坡的方法筑坝，每级子坝高度为 2 m，坝顶宽 2 m，子坝上游坡坡度为 1∶2，下游坡坡度为 1∶4.5。堆积坝外边坡每隔 10 m 高差设置一级 5 m 宽平台，堆积坝平均堆积边坡 1∶5。同时每级子坝的下游坡以黏性土护坡，覆土厚度 0.3 ~ 0.5 m，并进行压实，并在其表面种植草皮或灌木层。

（3）坝体排渗降水。

小麻柳尾矿库初期坝坝体较高且为透水坝型，自身排渗效果较好，因此，初期坝坝高范围内不考虑设置排渗设施。但为防止尾矿被渗透水挟带进入废石坝体排往下游，尾矿与初期坝之间以及尾矿与地基相互结合处设置防止渗流破坏的反滤层，防止发生渗透破坏。

后期堆积坝在尾矿堆积坝 1 752 m 标高至 1 790 m 标高之间每隔 5 m 高差在沉积滩面设置一道软式滤水管排渗盲沟，具体埋设方法：先在距沉积滩顶不小于 100 m 处平行坝轴线挖一条深约 1 m、纵坡 1%的沟，沟底铺一层无纺土工布后在其上铺 2 根 ϕ150 mm 软式滤水管，滤水管用无纺布包裹严实，并用预埋在尾矿中的 DN150PE 导水管将滤水管渗水引出至初期坝顶水平排水沟，滤水管与导水管之间用三通连接，滤水管两端接堵头，导水管间距为 100 m 左右，滤水管上部铺 250 mm 厚瓜米石，最后以粗尾矿填平。

最终尾矿坝坝体渗滤水通过坝坡排水沟和坝肩截水沟集中排至排土场下游集水池内（排土场淋溶水收集池），通过泵回至尾矿库回水高位水池，作为选矿工艺用水循环利用。

（4）岸坡截洪沟及坝坡排水沟。

为防止雨水冲刷尾矿坝坝肩及坝坡，初期坝各期坝体下游坡面坝肩与山坡交界处均设置临时截洪沟，初期坝 1 750 m 堆积标高以上坝肩截洪沟则应结合下游排土场周边岸坡截洪沟进行统一布置。临时坝肩截洪沟采用宽 0.4 m、深 0.4 m、边坡 1∶1 的梯形断面，采用人工开挖并全断面夯实形成土渠。终期坝肩截洪沟采用梯形断面，底宽 0.8 m、深 0.8 m、边坡 1∶0.5，采用 Mu7.5 浆砌石砌筑，衬砌厚度 350 mm，尾矿坝上部坝肩截洪沟与排土场最终周边岸坡截洪沟应平顺衔接，截洪沟底板纵坡要求不小于 1%，截洪沟出口设置在尾矿库下游排土场的下游坡脚以外。

由于初期坝在 1 750 m 标高以下运行期间下游坝坡始终不能形成固定边坡，且最终下游坡又将与下游排土场连成一体，因此初期坝下游坝坡不设坝面排水沟。在初期坝坝顶标高以上的堆积坝坡上部设置坡面排水沟网，堆积坝子坝平台设坝坡排水沟，在堆积坝外坡设置人字沟及纵向排水沟，坝坡排水沟均采用 C15 素混凝土结构，其中纵向排水沟断面采用底宽 0.45 m、高 0.45 m 矩形断面，人字沟及水平沟均为底宽 0.3 m、高 0.3 m 矩形断面，衬砌厚度 150 mm，人字沟及水平沟以大于 1%纵坡引入坝坡纵向排水沟或直接引入两侧坝肩截水沟。尾矿坝使用终期应结合下游排土场建设逐步完善尾矿坝以及排土场坡面排水沟网。

3. 排尾工艺

小麻柳尾矿库放矿采用坝前多管均匀分散放矿的方式。即选矿厂尾矿通过浓缩池浓缩后矿浆浓度为 50%左右，高浓度尾矿经管道压力泵送至尾矿坝坝前以后，加尾矿库水稀释至 40%左右的浓度后在库内进行水力自然充填并在滩面上自行沉积，并在坝前形成一定长度的沉积干滩。

在各期尾矿坝坝顶上游侧沿坝轴线布置放矿主干管，沿放矿主干管每间隔 10 ~ 15 m 设置一条软管作为放矿口，同一标高放矿口数目不得小于 5 个，随着坝体的逐步上升、坝轴线的不断增长逐渐增加放矿口。

放矿过程中，矿浆流向库尾方向漫流形成滩面并逐渐沉积，尾矿浆放矿浓度宜控制在 40%左右，沉积滩坡度控制在 1%。尾矿库运行后期沉积滩最小干滩长度不应小于 70 m。

4. 尾矿输送

现有工程已有 1 号、2 号两个尾矿加压泵站，扩建工程在 1 515 m 处新建总尾矿加压泵站一座，安宁河选矿厂排出尾矿后经 2 台浓缩池进行浓缩后，浓度为 50%，浓缩尾矿经浓密池底渣浆泵加压，经钢橡复合管送至 1 号尾矿加压泵站，再由 1 号尾矿加压泵站加压输送至 2 号尾矿加压泵站，2 号加压泵站输送至总尾矿加压泵站，最后由总尾矿加压泵站输送至小麻柳尾矿库。

扩建工程拆除现有 1 号尾矿加压泵站内 4 台渣浆泵，更换为 4 台 150ZJ-Ⅰ-A50 型渣浆泵（每台对应一台隔膜泵），2 号尾矿加压站内 2 台渣浆泵不变，仍为 200ZJ-Ⅰ-A65。

新建总尾矿加压泵站内设置 4 台 3D13M310/6.3-IA 型隔膜泵（Q = 310.00 m^3/h），三个系列运行时三台工作，一台备用；两个系列运行时两台工作，两台备用。

采用两条 D426×9（6）钢橡复合管作为尾矿输送管道，管长 6.2 km，一用一备。

5. 尾矿库回水

扩建工程尾矿库回水量为 587.19 m^3/h，采用库内浮船取水方式。浮船取水泵选用 3 台 KQSN200- M12 型中开泵（二用一备），其性能为 Q = 320.00 m^3/h、H = 75.0 m，为保障中开泵的正常运行，浮船上另设真空吸水泵一台。

浮船取水泵将尾矿库回水送至新建尾矿回水高位水池（标高 1 690 m、容积 2 000 m^3），再由尾矿回水高位水池自流至选矿厂现有高位水池（标高 1 642 m、容积 2 000 m^3）。

回水管道采用一条 D377×8 钢管，长约 7 km。

6. 尾矿库排洪系统设计

（1）防洪标准。

小麻柳尾矿库设计等级为二等库，根据《尾矿设施设计规范》（GB 50863—2013），二等库的防洪标准（洪水重现期）为 500 ~ 1 000 年。

（2）洪水计算。

小麻柳尾矿库所在沟谷汇水面积约为 12.2 km^2，主要由南、北两条支沟组成，其中北沟汇水面积 3.2 km^2，南沟汇水面积 7.0 km^2，下游库内汇水面积 2.0 km^2，南、北支沟之间隔一条较大山脊，两沟尾矿库场底汇合，因此对南、北两条支沟分别进行截洪。南、北两条支沟截洪坝上游部分以及两座截洪坝下游库内分别计算洪水大小。

计算依据《四川省中小流域暴雨洪水计算手册》，洪水计算参数见表 3-35，洪水计算结果见表 3-36 ~ 表 3-38。

表 3-35　洪水计算参数

计算区域	汇流面积 F/km^2	主河沟长 L/km	纵坡 J	$J^{1/3}$	$F^{1/4}$	θ	汇流参数 m	$\overline{H}_{24}$ /mm	Cv_{24}	$\overline{H}_6$ /mm	Cv_6	$\overline{H}_1$ /mm	Cv_1	汇流参数 μ
北沟	3.2	3.80	0.178	0.563	1.337	5.051	0.308	67.0	0.41	60.0	0.42	33.0	0.44	2.753
南沟	7.0	4.75	0.191	0.576	1.627	5.071	0.308	67.0	0.41	60.0	0.42	33.0	0.44	2.464
库内	2.0	1.64	0.097	0.459	1.189	3.001	3.001	67.0	0.41	60.0	0.42	33.0	0.44	3.190

表 3-36 北沟截洪坝上游截洪区洪水计算结果

洪水频率 P / %	洪峰流量 Q_m /(m^3/s)	洪水总量 W_p / 万 m^3
1（100 年一遇）	36.095	33.642
0.5（200 年一遇）	40.937	37.616
0.2（500 年一遇）	47.715	43.000
0.1（1 000 年一遇）	52.677	47.093

表 3-37 南沟截洪坝上游截洪区洪水计算结果

洪水频率 P / %	洪峰流量 Q_m /(m^3/s)	洪水总量 W_p / 万 m^3
1（100 年一遇）	79.750	74.777
0.5（200 年一遇）	90.315	83.554
0.2（500 年一遇）	105.104	95.459
0.1（1 000 年一遇）	115.930	104.450

表 3-38 截洪坝下游库区内洪水计算结果

洪水频率 P / %	洪峰流量 Q_m /(m^3/s)	洪水总量 W_p / 万 m^3
1（100 年一遇）	32.476	20.833
0.5（200 年一遇）	36.749	23.292
0.2（500 年一遇）	42.813	26.638
0.1（1 000 年一遇）	47.245	29.190

（3）尾矿库调洪库容。

小麻柳尾矿库库区调洪库容设置情况见表 3-39。

表 3-39 小麻柳尾矿库库区调洪库容情况

时期	堆积标高 /m	调洪水深 /m	调洪库容 /万 m^3	安全超高 /m	干滩长度 /m	正常水位 /m	最高洪水位 /m	澄清距离 /m	最小澄清距离 /m
初期	1 750	0.74	27.9	3.76	376	1 745.5	1 746.24	300	100
后期	1 790	0.81	26.6	3.69	369	1 785.5	1 786.31	200	80

（4）截排洪系统设计。

小麻柳尾矿库库区上游截洪和库内排洪采用同一套排水系统，在运行初期采用排水斜槽+溢水塔-竖井-支隧洞-主隧洞方式，利用排水斜槽排泄库内尾矿澄清水，利用溢水塔排泄库内洪水；尾矿库运行中后期则采用溢水塔-竖井-支洞-主隧洞方式，直接利用溢水塔排泄库内尾矿澄清水及洪水。

① 库内排洪系统。

A. 截排洪主隧洞。

截排洪主隧洞布置在尾矿库右岸山体下部，为无压隧洞，总长为 2 375 m，其中压坡段、加高段及渐变段长 80 m，隧洞洞身段长 2 260 m，出口明洞长 35 m。采用圆拱直墙式断面，净断面尺寸为底宽 4.5 m×高 5.0 m，最大过流能力为 213 m^3/s，上游与竖井溢洪道连接处标高为 1 661.3 m。主隧洞出口采用底宽 4.5 m×高 5.0 m 的矩形涵管结构，地表涵管沿岸坡地形敷设。

在主隧洞出口接排水涵管附近布置一座回水池（容积 400 m^3），尺寸为：长×宽×深 = 8 m×8 m×7 m，在回水池中安装水泵，将平时来的尾矿库澄清水泵压输送至尾矿回水高位水池，自流回水至选矿厂高位水池循环利用。

为了避免冲刷下游河沟，在排水涵管出水口处设置消力池，尺寸为：长×宽×深 = 60 m×10 m×7.5 m，消力池下游采用矩形引水明渠将上游来的洪水引至安宁河，明渠断面底宽 4.5 m、高 5 m。

B. 支隧洞和溢水塔。

小麻柳尾矿库内共设置 1#～7#七条支隧洞，支隧洞总长度为 628.812 m。1#～6#支隧洞末端各布置一座溢水塔，7#支隧洞设置两座溢水塔，共布置 1#～8#八座溢水塔。

支隧洞为无压隧洞，断面采用圆拱直墙形式，底宽 2 m×高 2 m，最大过流能力 24.302 m^3/s，支隧洞起始端连接排洪主隧洞，末端接竖井和溢水塔塔座。

溢水塔均采用框架式结构，六立柱形式，外径 3.5 m，内径 2.5 m。1#溢水塔高为 15 m，2#和 8#溢水塔高为 18 m，3#～7#塔高为 21 m，1#溢水塔最低进水标高 1 641 m，其余各塔标高逐步抬高，并使相邻溢水塔之间有 1 m 的重叠高度，溢水塔在使用完毕后利用混凝土堵头进行封堵。

溢水塔塔座与支隧洞之间均通过竖井连接，竖井总长度 513 m，为内径 2 m 的圆形断面形式。竖井与支隧洞连接处采用渐变段衔接，渐变段长 4 m，净断面尺寸由底宽 2 m×高 3 m 逐渐渐变至底宽 2 m×高 2 m。

由于初期尾矿库库身长度较短，为有效排除尾矿澄清水，初期在 1#溢水塔上游侧布置一条长 155 m 的排水斜槽，采用单格平盖矩形排水斜槽，斜槽流槽净宽 1.2 m、高 1.2 m，流槽壁厚 400 mm，斜槽预制平盖板厚 400 mm。排水斜槽每 4.5 m 之间设伸缩沉降缝，缝间设橡胶止水带止水。

② 上游截洪系统。

上游截洪系统包括北沟截洪和南沟截洪两部分，北沟洪水通过北沟截洪隧洞引至南沟，与南沟洪水汇合后通过截洪坝拦截经布置在南沟内的竖井溢洪道进入截排洪主隧洞排至尾矿库下游安宁河。

A. 南沟排洪系统。

在南沟上游修建 1#截洪坝，采用毛石混凝土重力坝，坝顶标高 1 790 m，坝高 22 m，坝顶宽 4 m，坝体上游边坡 1 785 m 以上铅直、1 785 m 以下坡比为 1∶0.3，坝体下游边坡坡比为 1∶0.8，在坝底处预埋一根直径 1.0 m 的 PE 管作为放空管，PE 管出口处设控制阀门。

在 1#截洪坝上游布置 1#拦泥坝，采用毛石混凝土重力坝，坝顶标高 1 832 m，坝高 16 m，坝顶宽 4 m，坝体上游边坡 1 827 m 以上铅直、1 827 m 以下坡比为 1∶0.2，下游边坡 1 831 m 以上铅直、1 831 m 以下坡比为 1∶0.75。在坝体主沟部位设置溢流坝段，溢流坝段长 40 m，溢流坝面采用 WES 曲线实用堰型，堰顶标高 1 830.2 m，溢流坝顶上部预埋钢轨拦污格栅。

在南沟 1#拦泥坝下游布置一道拦污栅，拦污栅基础坝采用毛石混凝土重力坝，坝顶标高 1 802 m，坝高 6 m，坝顶宽 3 m，坝体上游坡铅直，下游坡坡比为 1∶0.75，在基础坝沿沟谷中心线坝轴线方向设置一道长 20 m、高 2.5 m 的型钢拦污格栅，以防止大块石或树枝等漂浮物进入 1#截洪坝上游库区。

在南沟 1#截洪坝上游布置一座竖井溢洪道，洪水经竖井溢洪道直接排泄至截排洪主隧洞，尾矿库内的排洪汇合后排出尾矿库外。竖井溢洪道采用内径为 4.5 m 的圆形断面，竖井总高度为 131.167 m，溢洪道进水口采用喇叭口形式，由内径 10 m 通过椭圆曲线渐变至 4.5 m，溢洪道进水口高于地面 4 m。此外，竖井溢洪道沿进水口环向设置一道钢轨拦污栅，拦污栅高 1.5 m，为防止水流直接冲击竖井底板，在竖井底部设一个内径 4.5 m、池深 6.5 m 的水垫塘消能，水垫塘后接主隧洞压坡段。

B. 北沟排洪系统。

在北沟上游修建 2#截洪坝，采用毛石混凝土重力坝，坝顶标高 1 810 m，坝高 18 m，坝顶宽 4 m，坝体上游边坡 1 805 m 以上铅直、1 805 m 以下坡比为 1∶0.25，坝体下游边坡 1 809 m 以上铅直、1 809 m 以下坡比为 1∶0.8。在坝底处预埋一根直径 1.0 m 的 PE 管作为放空管，PE 管出口处设控制阀门。

在 2#截洪坝上游布置 2#拦泥坝，采用毛石混凝土重力坝，坝顶标高 1 848 m，坝高 14 m，坝顶宽 4 m，坝体上游边坡 1 843 m 以上铅直、1 843 m 以下坡比为 1∶0.2，下游边坡 1 847.0 m 以上铅直、1 847.0 m 以下坡比为 1∶0.75。在坝体主沟部位设置溢流坝段，溢流坝段长 30 m，溢流坝面采用 WES 曲线实用堰型，堰顶标高 1 846.5 m，溢流坝顶上部预埋钢轨拦污格栅。

在北沟 2#截洪坝上游右岸布置北沟截洪隧洞，北沟截洪隧洞总长 668 m，为无压隧洞，断面采用圆拱直墙式，尺寸为底宽 3 m×高 3 m，隧洞上游进水口标高 1 803 m，出水口标高 1 787 m，采用开敞式喇叭口进水，喇叭口扩散角为30°，渐变段长 2.6 m，隧洞断面由底宽 6 m×高 4.5 m 渐变为底宽 3 m×高 3 m，喇叭口前方设长 3.4 m、扩散角亦为30°的导流翼墙；北沟截洪隧洞最大过流能力约为 68.370 m^3/s。出水口位于南沟截洪坝上游库区内，出口处设消力池，以防止洪水对南沟截洪坝上游造成冲刷。

五、项目排土场防排水工程

1. 排土场概况及设计参数（见图 3-6、图 3-7）

项目新建小麻柳排土场共设计 14 个台阶，台阶高度分为 20 m、15 m、10 m，台阶标高分别为 1 750 m、1 740 m、1 720 m、1 705 m、1 685 m、1 670 m、1 650 m、1 635 m、1 615 m、1 600 m、1 580 m、1 565 m、1 545 m、1 530 m，台阶平台宽 30 ~ 100 m，台阶坡面角约 33°（边坡修整角度，最终边坡总坡角约 10°）。各阶库容分布见表 3-40。

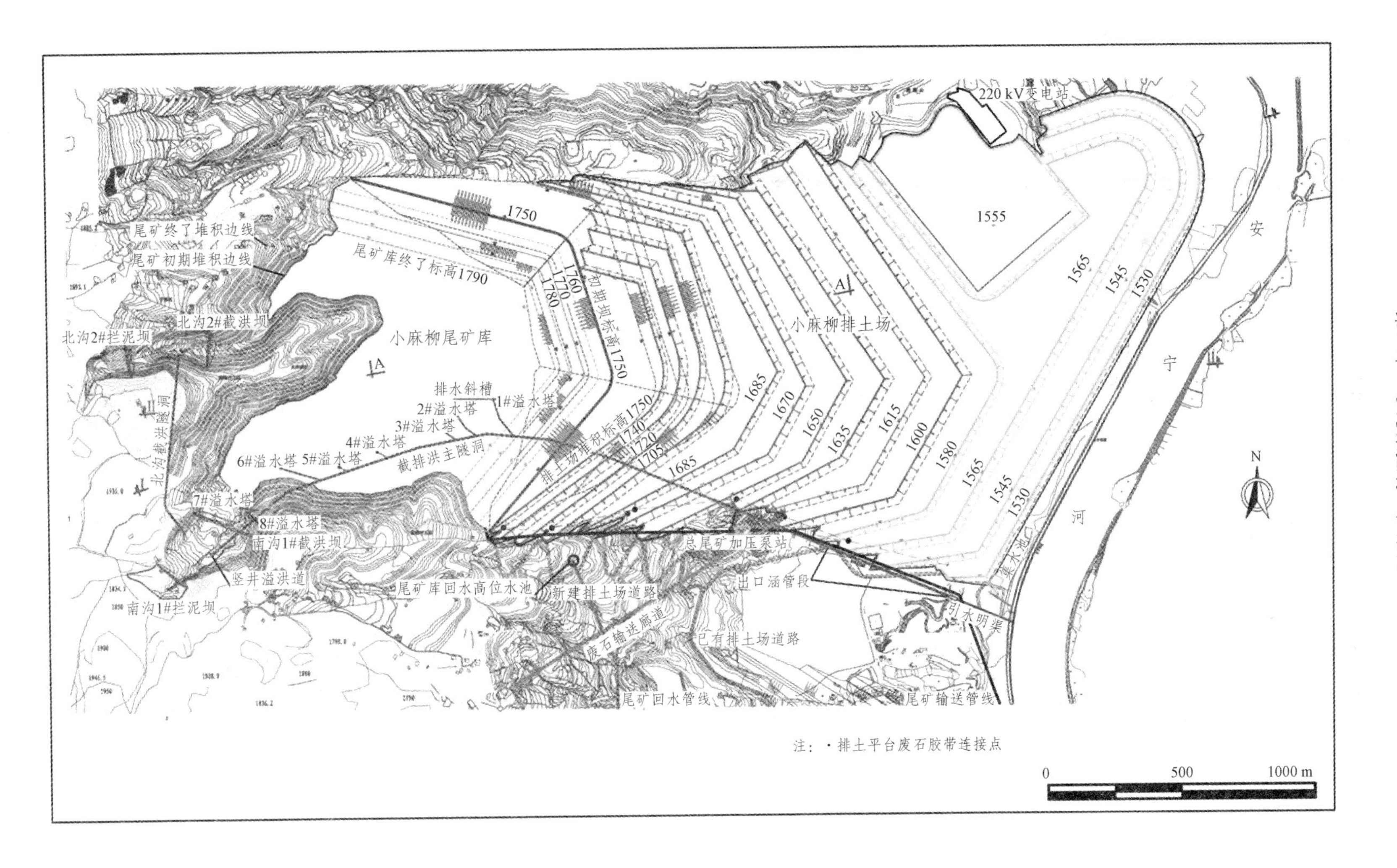

220 kV变电站
1555
1750
尾矿终了堆积边线
尾矿初期堆积边线
尾矿库终了标高1790
1760
1770
1780
初期坝标高1750
北沟2#截洪坝
北沟2#拦泥坝
小麻柳尾矿库
小麻柳排土场
1565
1545
1530
安
宁
河
排水斜槽
1#溢水塔
2#溢水塔
3#溢水塔
4#溢水塔
5#溢水塔
6#溢水塔
截排洪主隧洞
北沟截洪隧洞
排土场堆积标高1750
1740
1720
1705
1685
1670
1650
1635
1615
1600
1580
7#溢水塔
8#溢水塔
南沟1#截洪坝
竖井溢洪道
南沟1#拦泥坝
尾矿库回水高位水池
新建排土场道路
总尾矿加压泵站
出口涵管段
引水明渠
废石输送廊道
已有排土场道路
尾矿回水管线
尾矿输送管线
N
注：·排土平台废石胶带连接点
0
500
1000 m

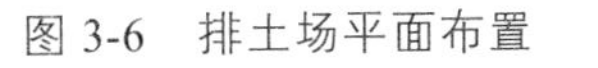
图 3-6　排土场平面布置

I-I 剖面图

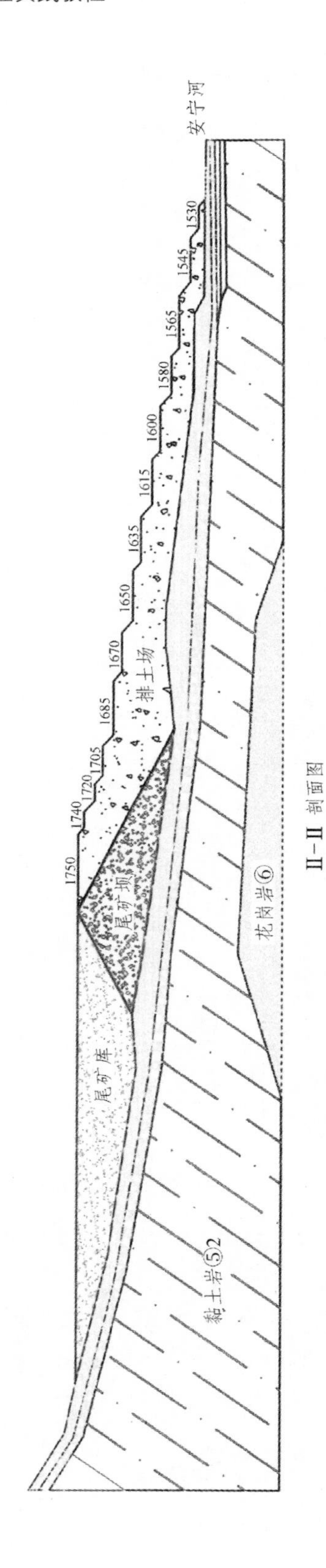

II-II 剖面图

图 3-7 排土场剖面图

小麻柳排土场位于采场北部，距采场直线距离约 4.0 km，该排土场承担采场全部废石的排弃，设计有效库容为 18 050.5 万 m^3，堆置总高度约 235 m。

表 3-40　小麻柳排土场各阶分层库容

<table>
<tr><th>分层水平</th><th>水平面积/hm²</th><th>段高/m</th><th>各阶分层库容/万 m³</th></tr>
<tr><td>1 530 m 水平</td><td>61.36</td><td rowspan="2">70</td><td rowspan="2">3 876.0</td></tr>
<tr><td>1 600 m 水平</td><td>103.04</td></tr>
<tr><td>1 600 m 水平</td><td>39.39</td><td rowspan="2">15</td><td rowspan="2">680.7</td></tr>
<tr><td>1 615 m 水平</td><td>51.37</td></tr>
<tr><td>1 615 m 水平</td><td>48.30</td><td rowspan="2">20</td><td rowspan="2">1 143.5</td></tr>
<tr><td>1 635 m 水平</td><td>66.05</td></tr>
<tr><td>1 635 m 水平</td><td>63.72</td><td rowspan="2">15</td><td rowspan="2">1 117.4</td></tr>
<tr><td>1 650 m 水平</td><td>85.27</td></tr>
<tr><td>1 650 m 水平</td><td>80.75</td><td rowspan="2">20</td><td rowspan="2">1 812.0</td></tr>
<tr><td>1 670 m 水平</td><td>100.45</td></tr>
<tr><td>1 670 m 水平</td><td>95.93</td><td rowspan="2">15</td><td rowspan="2">1 559.9</td></tr>
<tr><td>1 685 m 水平</td><td>112.05</td></tr>
<tr><td>1 685 m 水平</td><td>105.95</td><td rowspan="2">20</td><td rowspan="2">2 319.1</td></tr>
<tr><td>1 705 m 水平</td><td>125.96</td></tr>
<tr><td>1 705 m 水平</td><td>118.99</td><td rowspan="2">15</td><td rowspan="2">1 802.8</td></tr>
<tr><td>1 720 m 水平</td><td>121.38</td></tr>
<tr><td>1 720 m 水平</td><td>113.82</td><td rowspan="2">20</td><td rowspan="2">2 343.9</td></tr>
<tr><td>1 740 m 水平</td><td>120.57</td></tr>
<tr><td>1 740 m 水平</td><td>120.57</td><td rowspan="2">10</td><td rowspan="2">1 395.2</td></tr>
<tr><td>1 750 m 水平</td><td>158.45</td></tr>
<tr><td colspan="3">合计</td><td>18 050.5</td></tr>
</table>

2. 排土场排土工艺

项目工程采用汽车-推土机联合和汽车-胶带-排土机-推土机联合两种排土工艺。

为了使一部分表土用于后期复垦，表土主要采用汽车-推土机联合排土工艺，废石主要采用汽车-胶带-排土机-推土机联合排土工艺，排土机采取扇形推进排土方式。具体排放方式如下：

首先在排土场 1 600 m 排土平台南侧修筑排土机组装初始平台，初始路基宽度不小于 80 m，长度不小于 140 m。初始路基建设好后，将移动胶带和排土机布置在初始平台上，排土机按东南至西北方向排土，直至移动胶带延长到 260 m。初期移动胶带以初期 1 600 m 排土平台废石胶带接点（*A* 点）为圆心，由西北方向向东北方向旋转并排土，旋转外侧最大距离不超过 85 m，直至移动到与固定废石运输胶带平行且在一条直线上（见图 3-8）。初期排完土后，将 *A* 点向东北方向移动 261 m 后形成后期 1 600 m 平台废石胶带接点(*B* 点)。后期移动胶带接到 *B* 点后，沿 1 600 m 等高延伸（由东南向西北方向）至 950 m 排土，下排标高为 1 600 m，上排标高为 1 615 m。后期移动胶带将以 *B* 点为圆点，由西北向东北方向旋转至末期移动胶带，直至 1 600 m 排土平台排土完成，完成示意图，如图 3-9 所示。

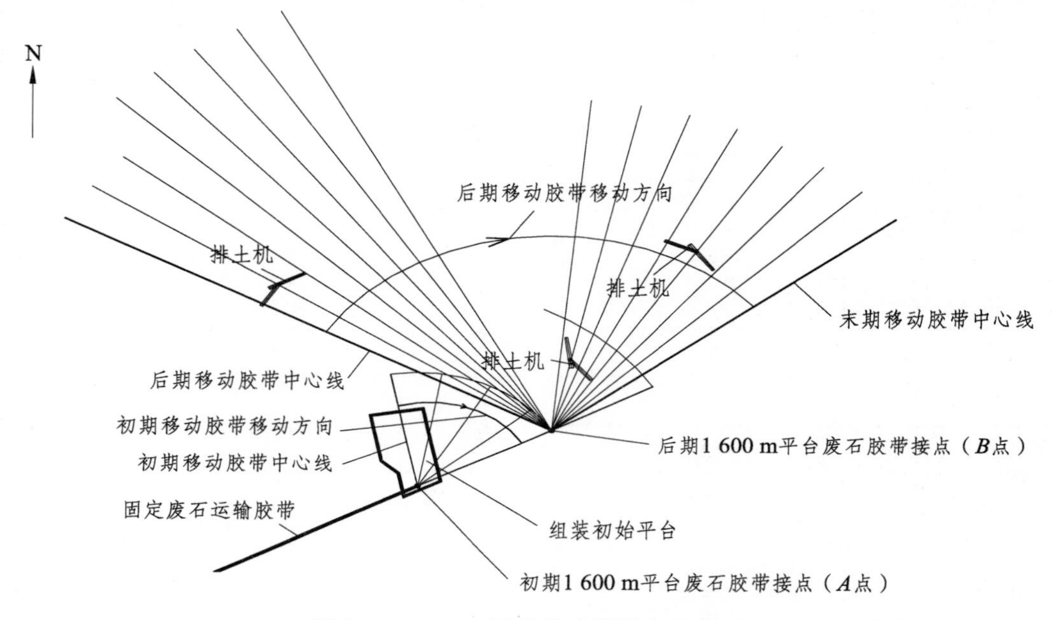

图 3-8　1 600 m 平台排土机排土示意图

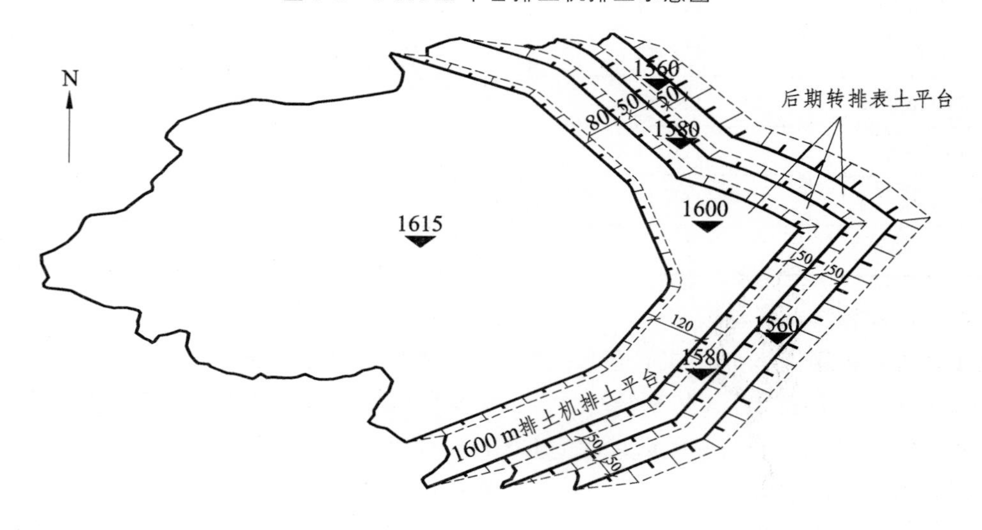

图 3-9　1 600 m 平台排土完成示意图

3. 排土场防排水设计

（1）排土场上游截排洪系统。

扩建工程将在小麻柳排土场上游建设小麻柳尾矿库，小麻柳尾矿库在运行初期采用排水斜槽+溢水塔-竖井-支隧洞-主隧洞方式，运行中后期则采用溢水塔-竖井-支洞-主隧洞方式。因小麻柳排土场位于小麻柳尾矿库下游，因此排土场上游和尾矿库共用一个截排洪系统（具体内容详见尾矿库截排洪系统设计）。

（2）排土场内外排水工程。

在排土场内部现有排水自然沟和地形沟谷设置排水盲沟，原排水自然沟设置的盲沟平均宽 3 m、深 2 m，沟谷设置的盲沟平均宽 2 m、深 2 m。盲沟采用下铺 1.5 mm 厚防渗膜，再铺设大块碎石（粒径不小于 20 cm），上层铺设土工布（400 g/m^2）。盲沟防止排土场内雨水渗入土场地基，同时有利于排土场内部雨水的排泄。

排土场内沟谷两岸谷坡应清除地表阻水地层。

平整排土场平台，平台面形成 3%～5%的反坡，并在各台阶坡脚设置排水沟，排水沟采用矩形浆砌片石，排水沟流入排洪沟后排出。排水沟断面尺寸当 $H \leqslant 80$ cm、$B = 40$ cm，排水纵坡坡度小于 0.3%；当 $H \geqslant 80$ cm、$B = 60$ cm，排水纵坡坡度大于 0.3%。

在排土场的底部尽可能地先排弃岩石，形成排土场内部渗水通道。

当排土机在排土平台作业之前，必须在排土平台靠山体一侧开挖临时排水沟（梯形土沟，下底宽 0.5 m，坡率 1∶1，深不小于 0.6 m，纵坡不小于 1%），临时排水沟排水标高必须高出当时排土平台标高，临时排水沟收集排土场与尾矿库坝体之间的地表水后排入排土场周围排水系统。

排土场逐年堆排加高，沿排土场实际堆积边坡边界设置截水沟，形成的截水沟收集周边汇水后排入小麻柳排洪系统，采用浆砌石矩形沟，平均断面宽×深 = 0.6 m×0.6 m。

当 1 530 m 平台排弃岩石完成后，在坡脚处沿地形设置一条截水沟，沟宽不小于 1.0 m，沟深不小于 0.6 m，纵坡不小于 1%。该截水沟的水经收集后排向排土场东南侧的集水池（长×宽×宽 = 50 m×40 m×4 m），容积为 6 000 m^3，集水池的水经收集后通过泵站输送至选矿厂的循环高位水池。

4. 排土场安全设施及措施

为提高排土场边坡稳定性，防止排土场安全事故的发生，排土场建设和运行期间，必须采取相应的安全防范措施并加强排土管理工作。

（1）应保证排土场与公路、河道以及工业场地等设施留有足够的安全距离，实际生产应严格管理，避免超界排放，避免无关人员进入排土场生产区。

（2）清除排土场原地表的植被，当原始地形坡度大于 1∶2 时，需在原地表挖成台阶形式，遇到光滑岩体可用爆破方法增加粗糙度。

（3）采用多台阶排土，降低排土段高，增加安全平台宽度，尽可能放缓排土场边坡。

（4）将表土进行单独堆放，将易风化的岩石安排在旱季排弃，并尽可能排弃在排土场上部，将不易风化的大块岩石排弃在土场边坡外侧。

（5）汽车转排时应从下往上逐层排弃，将大块岩石排弃在土场底部，并设置盲沟，将渗流水引出排土场。

（6）为拦截自然冲沟汇水不进入排土场，在排土场外围设截水沟，防止地表径流进入排土场；根据相应排土场平台标高，逐年在排土场的表面应设置有效的排水沟，将地表径流引入排土场两侧大的截水沟，防止地表水大量渗入排土场。

（7）排土场作业应制定安全措施，配备安检人员定期检测排土场边坡的稳定状况，及时发现隐患，以便采取有效的治理措施。

（8）因缺少排土场工程地质报告和排弃物的物理力学参数，无法对排土场的边坡稳定进行计算，下阶段设计开展时应及时补充相关资料，进行排土场的边坡稳定计算。

5. 排土场复垦

为恢复生态平衡，保护环境，排土场闭场后必须进行土地复垦。由于该项目的排土场使用时间长，为尽可能减少排土场对周围环境的影响，可进行动态复垦（边排土边复垦），并根据排土计划制订复垦计划。在排土场排弃过程中，当排土场部分区域达到排土场最终界限时，即可采用推土机进行平整，然后采用汽车运输第四系表土填筑 0.5 ~ 0.8 m 厚的复垦垫层，再在其上覆盖 0.2 m 厚的可耕土。

6. 排土场周边环境及安全分析

排土场位于小麻柳沟及两侧山体，地形为西高东低。排土场北侧为大麻柳村，南侧为垃圾填埋场（已废），西侧为甘洛村，东侧为安宁河河堤道路。

由于小麻柳两侧山体安全稳定，排土场安全对南北无影响。根据西昌新农村建设规划，西侧的甘洛村和北侧的大麻柳村将搬迁，排土场生产时产生的粉尘将不会影响周边的村民。在排土场的东北角，有一座 220 kV 变电站，需保证其安全。220 kV 变电站标高约为 1 556 m，靠近排土场边缘 20 m，但排土场该台阶标高为 1 555 m，比 220 kV 变电站低 1 m，该平台及以下排土平台对其无任何影响。但 1 555 m 以上排土平台及排土高度对 220 kV 变电站有一定的影响，需要对其保护。根据《有色金属矿山排土场设计规范》（GB 50421—2007）规定，保护对象与排土场最终坡底线间的安全距离是排土场堆高的 2 倍距离。220 kV 变电站标高为 1 556 m，与其对应的坡脚为 1 555 m，排土场最终标高为 1 750 m，堆高为 195 m，排土场堆高 2 倍的安全距离是 390 m。现 220 kV 变电站边缘离 1 555 m 平台坡底线约为 408 m，大于安全距离 390 m；同时加上排土场的大块岩石经粗破碎后，最大粒度为 350 mm，排土时的排土段高 20 m，平台宽度为 408 m，滚石根本不能超越 1 555 m 平台；根据边坡稳定性验算，该处排土场边坡在正常工况和非正常工况下是安全稳定的，所以设计后排土场坡脚距离变电站距离为 408 m 完全能保证变电站的安全。由于排土场旱季多南风，在排土场生产时，产生的粉尘对其有一定的影响，通过采取排土喷水后，影响将降至最低。

东侧的安宁河河堤道路是一条乡镇道路，排土场东侧坡脚处距离安宁河河堤道路边缘最近距离约为 60 m。对整个排土场而言，1 530 m 平台东侧平台宽为 50 m，1 545 m、1 565 m、1 580 m 平台宽 100 m，完全能阻止滚石下落，不会对东侧乡镇道路造成滚石安全影响。单独对排土机作业完成 1 600 m、1 635 m 排土平台后，对排土场边坡稳定进行分析，经分析后，发现排土场因堆高后，在地震的作用下，原始地基发生隆起，并威胁到安宁河河堤安全，分析主要原因是地基承载力差。为了防止排土场地基因上部堆存废石后，在上部荷载以及地震作用下使地基发生隆起导致滑坡并威胁到安宁河河堤，必须对 1 530 m、1 545 m、1 565 m、1 580 m 形成（岩石）平台后东侧坡脚进行反压。首先需排弃岩石在 1 545 m 平台和 1 530 m 平台以下，排弃岩石量为 1 649.887 万 m^3；排弃岩石在 1 565 m、1 580 m 平台，排弃岩石共计 2 704.513 万 m^3。堆弃岩石后，根据边坡稳定分析，边坡稳定且地基不会隆起，排土场不会对安宁河河堤安全造成影响。经上述分析，排土场东侧坡脚处距离安宁河河堤道路边缘最近距离约为 60 m 是安全的。同时 1 530 m、1 545 m、1 565 m、1 580 m 平台能有效阻止上侧排土场因雨水形成的泥水，相当于是整个排土场的四级拦泥坝性质。

由于排土场排弃有大量表土，在雨季时，表土受到雨水冲积后形成一定的泥水将排至安宁河，对安宁河造成一定的污染，同时也不利于排土场水土保持。为了防止泥水直接排弃安宁河，将在排土场坡脚修建截水沟，经排水沟收集至排土场东南侧的集水池（长×宽×深 = 50 m×40 m×4 m），容积为 6 000 m^3，集水池的水经收集后通过回水泵站输送至选矿厂的循环高位水池。

在排土场排土作业时，整个排土平台或平台外围边界处单独堆存有表土，该表土主要用于尾矿库和排土场封库后复垦使用。为了保证排土场安全稳定，在取土复垦前，需对排土场安全稳定分析，确定取土范围、数量以及取土后的边坡率，同时全天 24 h 实时监测。

第四节　冶炼废水污染控制工程案例

一、生产废水处理系统

生产废水处理系统主要处理全厂各单元排出的一般性生产废水，包括净环水系统排污水、浊环水系统排污水以及其他零星废水，不包括特殊生产废水（如焦化酚氰废水、烧结脱硫含酸废水和冷轧废水）。

1. 设计规模

生产废水处理系统处理规模为 2.4 万 m^3/d，总图预留 1.2 万 m^3/d 的扩建场地，水池一次建成，泵房等设备用房预留扩建时设备安装位置。

2. 设计进出水水质

本系统的设计进出水水质指标见表 3-41。

表 3-41　生产废水处理系统进出水水质指标

序号	项目	单位	进水指标	出水指标	备注
1	pH		7～9	7～9	
2	悬浮物	mg/L	200	≤10	
3	总硬度	mg/L	228	≤228	以 $CaCO_3$ 计
4	油类	mg/L	10	≤5	
5	电导率	μs/cm	510	≤510	
6	氯离子	mg/L	16.89	≤16.89	
7	硝酸离子	mg/L	26.19	≤26.19	
8	硫酸离子	mg/L	66.6	≤66.6	
9	碳酸盐	mg/L	104.4	≤104.4	
10	氟离子	mg/L	14.1	≤14.1	
11	Ca^{2+}	mg/L	84	≤84	
12	Mg^{2+}	mg/L	10.5	≤10.5	
13	矿化度	mg/L	1 134	≤1 134	
14	K^+	mg/L	7.11	≤7.11	
15	Na^+	mg/L	9.72	≤9.72	

3. 废水处理工艺流程

生产废水处理后主要回用于原料厂洒水、炼钢钢渣处理、浊环水系统补水、地坪冲洗等对水质要求不高的用户。采用以“多流向强化澄清器+V 型滤池”为核心的钢铁企业综合污水处理工艺完全可以满足出水水质要求。

具体工艺流程如图 3-10 所示。

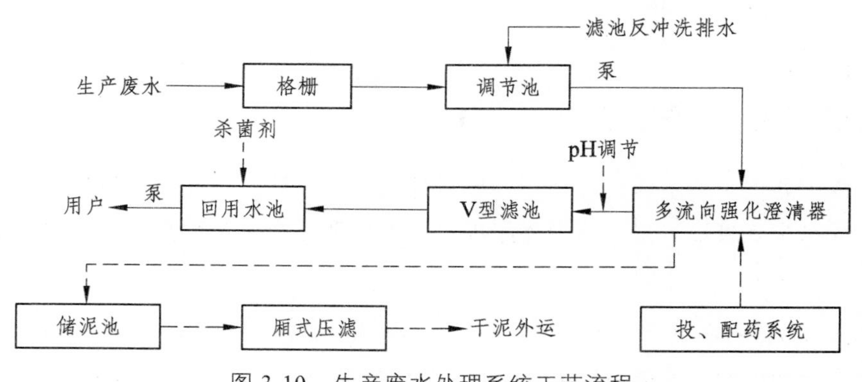

图 3-10　生产废水处理系统工艺流程

厂区生产废水由生产废水管网收集后进入生产废水处理系统。经格栅拦截漂浮物等杂物后进入调节池，经过均质、均量、除油后通过进水闸板进入吸水井，经泵提升至多流向强化澄清器。废水经过澄清后可去除大量的 SS、油类和部分 COD 有机胶体物质等，出水自流入 V 型滤池。经过滤后的水流入回用水池，消毒后用泵加压送至各回用水用户。

V 型滤池的反冲洗排水回流至调节池。

多流向强化澄清器的剩余污泥通过泥浆泵送往储泥池，由污泥泵输送至厢式压滤机进行脱水。脱水后的泥饼用汽车运到指定的弃渣场。栅渣收集入渣箱后定期外运。

4. 主要工艺单元

（1）格栅、调节池及提升泵房。

生产废水经粗、细格栅拦截水中的漂浮物等杂物，进入调节池，调节水质、水量后经泵提升至后续处理工艺。

格栅渠、调节池和提升泵房合建。格栅渠共两条，每条渠道的过水能力为 500 m^3/h。格栅渠上设置两级机械格栅，可通过时间或栅前高液位控制格栅的运行。

调节池设计分为两格（一期水力停留时间为 6 h，二期水力停留时间为 4 h）。尺寸：$L \times B \times H$ = 48.0 m×32.0 m×8.15 m。每格池中设有除油装置 1 台，以去除污水表面的浮油，池内设置潜水搅拌器搅拌以防止悬浮物沉淀。

除油装置撇出的废油通过输油泵送至废油池，定期外运。

为监测来水水质，在泵房吸水井设置液位、pH、浊度及电导等在线监测仪表，并将数据传至中控室。

主要配套设备：

① 反捞式格栅除污机 2 台，栅条间隙 25 mm，格栅渠宽 1 000 mm；

② 循环式齿耙清污机 2 台，栅条间隙 10 mm，格栅渠宽 1 100 mm；

③ 潜水搅拌器 6 台，单台功率 12 kW；

④ ZS 型浮油回收机 2 台，最大收油能力 2 000 L/h；

⑤ 潜水提升泵 3 台（2 用 1 备），单泵流量 Q = 500 m^3/h，扬程 H = 20 m，功率 45 kW。

（2）多流向强化澄清器。

多流向强化澄清器是集反应、澄清、浓缩及污泥回流为一体的高效水处理设备，由快速混合反应区及配水装置、絮凝反应区、推流区、澄清区、浓缩区、污泥回流系统和剩余污泥排放系统组成。废水中的大部分 SS、COD 及少量浮油等污染物得以去除。

设计采用多流向强化澄清器成套设备 2 套，同时预留 1 套设备的安装基础。

单套处理水量 Q = 500 m^3/h。

（3）V 型滤池。

多流向强化澄清器出水自流入滤池总水渠后分流入单池，经均匀配水后自上而下通过滤料层，滤后水经出水阀、出水堰、清水总渠后流入回用水池。

整个滤池工艺的控制均通过 DCS 进行，自动化水平高，操作、管理简便。滤池出水设浊度、电导在线监测仪表。

主要设计参数：

滤池设 3 组，分 6 格，土建一次建成。单组滤池面积为 74 m^2，尺寸：$L \times B$ = 8.0 m×9.0 m。滤料层厚 1.5 m，正常过滤速度为 7 m/h，强制滤速为 13.5 m/h。

采用气水联合反冲洗，辅以表面扫洗的反冲洗方式。反洗空气的强度为 55 $Nm^3/$

（$m^2 \cdot h$），反洗水的强度为 15 $m^3/(m^2 \cdot h)$。滤池的反冲洗可根据时间、液位差实现全自动控制并可实现手动强制反冲洗。

主要配套设备：

① 气动工艺控制阀门 2 套；

② 反冲洗水泵（位于回用水泵房内），卧式离心泵 3 台（2 用 1 备），单泵流量 Q = 560 m^3/h，扬程 H = 14 m，功率 30 kW；

③ 反冲洗用罗茨风机（鼓风机房内）3 台（2 用 1 备），单台风量 35.5 m^3/min，出口风压 49 kPa，功率 45 kW。

（4）回用水池及水泵房。

回用水池尺寸：$L \times B \times H$ = 40.0 m×22.0 m×4.65 m，分两格，水力停留时间按一期为 1.5 h，二期为 1 h 设计。出水一部分通过回用水泵直接供至用户，另一部分进入深度处理系统。

回用水泵房 1 间，$L \times B$ = 36.6 m×7.5 m，内设置滤池反冲洗泵、回用水供水泵及深度处理供水泵 3 组，并预留二期设备的安装位置。

回用水池内设置超声波液位计及液位开关，通过液位控制水泵开启的台数。出水设置 COD 在线监测仪表。回用水供水泵及深度处理供水泵出水总管均设置电磁流量计。

主要配套设备：

① 反冲洗水泵（见 V 型滤池设备）；

② 回用水供水泵 3 台（单级双吸卧式离心泵，2 用 1 备，1 台带变频），单泵流量 Q = 375 m^3/h，扬程 H = 57 m，功率 110 kW；

③ 深度处理供水泵 2 台（1 用 1 备），单泵流量 Q = 250 m^3/h，扬程 H = 25 m，功率 37 kW。

（5）加药系统。

根据污水特性及处理后的水质要求，在处理工艺的不同工序部位中按处理污水量及相关水质，按比例自动投入具有不同功效的药剂，其中在多流向强化澄清器投加混凝剂、助凝剂、石灰、H_2SO_4 等药剂，该加药系统与多流向强化澄清器配套设置。在调节池前端、回用水池投加杀菌灭藻剂。

加药系统均设置在加药间内，加药间为地面 1 层，局部地下 1 层，$L \times B$ = 24.5 m×15.5 m。加药间有腐蚀部位墙面、地面应贴防腐瓷砖。

主要配套设备：

① 混凝剂投加装置 2 套（含储池搅拌器 2 台，计量泵 4 台，配套管道、阀门、自控仪表及电控柜等），混凝剂采用固体 PAC；

② 絮凝剂制备及投加装置 1 套（含一体化加药装置，螺杆泵 3 台，配套管道、阀门、自控仪表及电控柜等），絮凝剂采用粉状高分子 PAM；

③ 石灰配制及投加装置 1 套（含石灰料仓 2 个，V = 50 m^3，搅拌器 2 台、螺杆泵 2 台、配套自控仪表及电控柜等）；

④ pH 调节投加装置 1 套（含硫酸储罐 1 个，V = 10 m^3，计量泵 2 台，配套管道、阀

门、自控仪表及电控柜等）；

⑤ 消毒剂投加装置 1 套（储罐 1 个，$V = 10\ m^3$，计量泵 2 台，配套管道、阀门、自控仪表及电控柜等），消毒剂采用液体次氯酸钠。

（6）污泥处理系统。

从多流向强化澄清器排出的剩余污泥泥浆体积较大，为降低污泥体积，减少运输量，防止污染，必须对污泥进行脱水，从而使污泥体积减小。

剩余污泥经污泥排放泵输送至污泥储池，该池同时还收集压滤机的回流污泥。储池中的污泥通过泥浆泵送至污泥脱水间内的厢式压滤机，进行机械脱水。脱水后的污泥落入下部的料斗中，由汽车运输到指定的弃渣场。

每天平均产泥量约为 6 t/d（干泥量），设计储泥池 2 座，单池有效容积 50 m^3，尺寸：$L\times B\times H = 5.0\ m\times 5.0\ m\times 4.35\ m$。为避免污泥沉淀，每池内设置搅拌机 1 台。

设计污泥脱水间 1 座（2 层），$L\times B = 18.6\ m\times 18.6\ m$，层高 6.5 m，内设生产废水处理系统、生活污水处理系统用压滤机共 3 台。其中生产废水处理系统有厢式压滤机 2 台，单台压滤机的过滤面积为 96 m^2。脱水系统设计为每天工作 16 h，每周工作 7 d。滤后泥饼含固率≥40%。

主要配套设备：

① 储泥池搅拌机 2 台，单台功率 15 kW；

② 厢式压滤机及配套设备 2 套（包括厢式压滤机本体、离心进料泵、配套气动阀、贮气罐、料斗、集水装置、电控柜及控制系统等），单台过滤面积 96 m^2。

二、生活污水处理系统

生活污水经化粪池简单处理后，通过全厂生活污水排水管网收集，然后进入生活污水处理系统。处理后达到中水水质，供全厂绿化、道路浇洒和冲厕。

1. 设计规模及进出水水质

生活污水处理系统处理规模为 0.24 万 m^3/d，总图预留 0.12 万 m^3/d 的扩建场地，水池一次建成，水泵、风机房等设备用房预留扩建时设备安装位置。

生活污水处理系统进出水水质指标见表 3-42。

表 3-42　生活污水处理系统进出水水质指标

序号	项目	单位	进水指标	出水指标
1	pH		6.5～8.5	6.5～9
2	悬浮物	mg/L	220	5
3	BOD_5（S_0）	mg/L	250	10
4	COD_{Cr}	mg/L	350	50
5	动植物油	mg/L	5.8	3
6	NH_3-N	mg/L	25	10

续表

序号	项目	单位	进水指标	出水指标
7	TN	mg/L	40	
8	TP	mg/L	10	
9	总大肠菌群	个/L		3
10	游离余氯	mg/L		管网末端不小于 0.2
11	浊度	度		≤5
12	色度	度		≤30

2. 工艺流程

根据生活污水进出水水质，以及处理后回用于全厂绿化、道路浇洒和冲厕的要求，选择以占地面积省、工艺流程简单、对水量水质变化适应性强、能脱氮除磷的 CASS 工艺。具体工艺流程如图 3-11 所示。

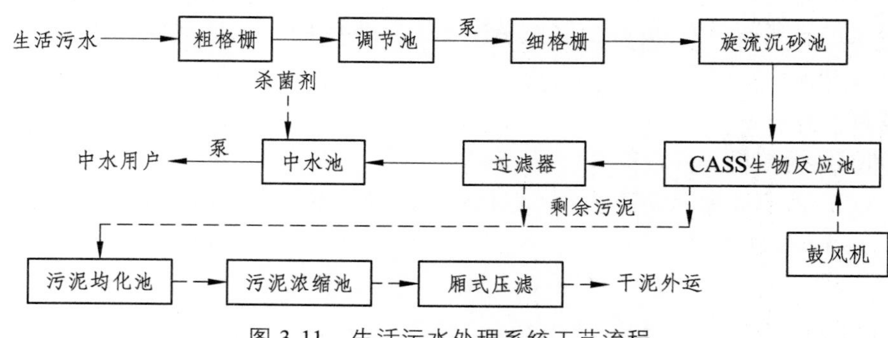

图 3-11 生活污水处理系统工艺流程

生活污水经管网收集后首先进入粗格栅渠，去除水中较大的漂浮物后，自流入调节池。调节池出水经泵提升依次进入细格栅和旋流沉砂池，进一步去除水中的较小悬浮物和无机砂粒，再自流入 CASS 池。在 CASS 池内，污水在微生物的作用下按照预定工况完成去碳、脱氮、除磷、沉淀等过程，CASS 池出水经滗水器收集后进入 CASS 出水池。为强化脱氮效果，采用泵将部分 CASS 池末端的混合液回流至 CASS 池进水端。

CASS 池出水消毒后，由泵提升至过滤器，进一步去除水中的悬浮物。过滤器出水自流入中水池，中水消毒后经泵供至各中水用户。

CASS 池的剩余污泥及过滤器反洗排水经污泥均化池混合后，再进入浓缩池，浓缩后的污泥通过污泥泵打入厢式压滤机进行脱水。

3. 主要工艺单元描述

（1）粗格栅及调节池。

粗格栅是污水处理的第一道预处理设施，用以去除大尺寸的漂浮物以保护后续处理设备及构筑物的正常运行。配套设置皮带输送机 1 台，栅渣输送至栅渣小车后定期外运。

粗格栅渠、调节池和提升泵房合建。格栅渠共两条，安装粗格栅 1 道，近期 1 用 1

备，远期2台投入运行。可通过时间或栅前高液位控制格栅的运行，并联动皮带输送机，完成栅渣的清捞、输送。

调节池尺寸 $L \times B \times H = 16.0\ m \times 12.0\ m \times 9.4\ m$，设计分为两格，水力停留时间一期为9 h，二期为6 h。每池内采用潜水搅拌器搅拌以防止悬浮物沉淀。

为监测来水水质，在进水设液位、COD、pH在线仪表，并根据液位高低控制水泵开启台数。

主要配套设备：

① 反捞式格栅除污机2台，栅条间隙20 mm，格栅渠宽600 mm；

② 皮带输送机1台，输送量0 ~ 3 m^3/h，带宽500 mm，长3 m；

③ 潜水提升泵3台（2用1备），单泵流量 $Q = 60\ m^3/h$，扬程 $H = 13\ m$，功率4 kW；

④ 潜水搅拌器2台，单台功率4 kW。

（2）细格栅及旋流沉砂池。

污水经泵提升至细格栅，进一步去除水中粒径较小漂浮物后自流入旋流沉砂池，去除水中较大的无机颗粒。栅渣经压榨后送至栅渣小车外运。沉砂池定时采用气提排砂，砂经砂水分离器分离后外运。

细格栅渠与旋流沉砂池合建，旋流沉砂池直径 $\phi = 1.83\ m$。细格栅与旋流沉砂池各2列，近期1用1备，远期全部投入运行。

格栅的开停由DCS根据格栅前高液位自动控制，并联动螺旋输送压榨机，完成栅渣的清捞、输送及挤压。

主要配套设备：

① 回转式格栅除污机2台，栅条间隙5 mm，格栅渠宽600 mm；

② 无轴螺旋输送压榨机1台，螺旋直径260 mm，输送量0 ~ 3 m^3/h，长度3.2 m；

③ 旋流除砂机2台，与旋流沉砂池配套，单台功率1.1 kW；

④ 砂水分离器1台，处理量5 ~ 12 L/s。

（3）CASS生物反应池。

CASS池采用连续进水、间歇出水的运行方式。工作周期6 h，其中曝气3 h、沉淀1.5 h、滗水1.0 h，闲置0.5 h，由DCS控制周期运行。采用鼓风机和管膜式曝气器相结合的方式进行充氧，具有氧利用率高等优点。

设计采用1个系列，分4格，二期再增加2格。单格尺寸为24.7 m×6 m×5 m，有效水深4.5 m。每格CASS池中设在线溶氧仪1台。

主要设计参数：

① 污泥负荷：0.12 kg BOD_5/kg MLSS·d；

② 污泥浓度：4 g/L；

③ 泥龄：15 d；

④ 滗水率：25%。

主要配套设备：

① 预选择区潜水推进器4台，叶轮直径 $\phi = 260\ mm$，单台功率0.85 kW；

② 选择区潜水推进器 4 台，叶轮直径 ϕ = 260 mm，单台功率 0.85 kW；

③ 主反应区潜水推进器 8 台，叶轮直径 ϕ = 1 800 mm，单台功率 3 kW；

④ 混合液回流泵 5 台（潜水泵，每格 1 台，库备 1 台），单泵流量 Q = 10 ~ 20 m^3/h，扬程 H = 7 m，功率 0.75 kW；

⑤ 剩余污泥泵 5 台（潜水泵，每格 1 台，库备 1 台），单泵流量 Q = 5 ~ 8 m^3/h，扬程 H = 15 m，功率 1.1 kW；

⑥ 管膜式曝气器 360 根，L = 1 m，通气量为 2 ~ 12 m^3/（m · h）；

⑦ 滗水器 4 台，单台滗水量 150 m^3/h；

⑧ 工艺电动蝶阀 4 套。

（4）CASS 出水池。

CASS 出水池用于储存 CASS 反应池出水。尺寸 7.8 m×7.8 m，池深 4.5 m，出水池按两格同时出水考虑，可以满足远期要求。同时在池进水端加二氧化氯进行消毒，消毒后水由泵提升至过滤站。水池内壁应做环氧树脂防腐处理。

CASS 池内设置超声波液位计 1 台，通过液位控制水泵开启的数量。

主要配套设备：

过滤器加压泵 3 台（潜水泵，2 用 1 备），单泵流量 Q = 50 m^3/h，扬程 H = 27 m，功率 7.5 kW。

（5）过滤器。

CASS 池出水经加压泵提升入过滤器，过滤器出水自流至中水池。设计压力过滤器 2 台，滤速 32 m/h，单台过滤水量 100 m^3/h。远期增加 1 台。滤料粒径：无烟煤 1.2 ~ 1.6 mm，石英砂 0.5 ~ 1.0 mm。

采用气水反冲洗，反冲洗气由厂区压缩空气管网提供，反洗排水排入污泥均化池。

主要配套设备：

压力过滤器 2 台（1 用 1 备），ϕ = 2.0 m，最大操作压力 0.6 MPa。

（6）中水池及中水泵房。

中水池用于储存中水及过滤器反洗水，设计分两格，水力停留时间为 2.5 h。尺寸 19.2 m×3.5 m，池深 3.8 m，中水经消毒后通过中水供水泵供至各中水用户。

在中水池内设置 pH、浊度、余氯、液位等在线监测仪表，在中水供水泵干管上设置电磁流量计，并将数据上传至中控室。

中水泵房 1 间，L×B = 19.5 m×6.3 m，内设中水供水泵及过滤反洗泵，并预留远期设备安装位置。

主要配套设备：

① 中水供水泵 3 台（卧式离心泵，2 用 1 备，1 台带变频），单泵流量 Q = 50 m^3/h，扬程 H = 50 m，功率 15 kW；

② 过滤器反洗供水泵 2 台（卧式离心泵，1 用 1 备），单泵流量 Q = 135 m^3/h，扬程 H = 20 m，功率 15 kW。

（7）加氯间。

加氯间与中水泵房合建，$L \times B = 6.0\ m \times 6.3\ m$，内设二氧化氯消毒装置2套，包括供料系统（氯酸原料罐、盐酸原料罐、氯酸钠化料器、计量泵）、反应系统、温控系统、安全系统、控制系统等。

加氯间有腐蚀部位的墙面、地面应贴防腐瓷砖。

主要配套设备：

二氧化氯发生器2套（1用1备），单台发生量0.8 kg/h。

（8）鼓风机房。

为便于管理，设计将生活污水处理系统的CASS池曝气风机和生产废水处理系统的V型滤池反冲洗风机统一放置在鼓风机房内，$L \times B = 23.1\ m \times 6.0\ m$。鼓风机房一次建成，预留二期的设备安装位置。

每台鼓风机的进风口处配置空气过滤器和消声器，在出风管上设出口消声器、旁通阀、逆止阀和手动蝶阀，旁通阀上配消声器。

为降低噪声，鼓风机房内墙壁做吸音处理。

主要配套设备：

① CASS池曝气风机3台（罗茨风机，2用1备），单台风量10 m^3/min，出口风压58.8 kPa，功率15 kW；

② V型滤池反冲洗风机3台（罗茨风机，2用1备）。

（9）污泥处理系统。

生活污水处理系统的污泥处理主要包括污泥均化池、污泥浓缩池及污泥压滤机等。为便于统一操作管理，设计将生活污水处理系统的压滤机与生产废水处理系统的压滤机均设置在生产废水处理区域的污泥脱水机房内。

CASS反应池的剩余污泥和过滤器反洗排水在污泥均化池中进行暂时储存及混合后，排入污泥浓缩池。浓缩后污泥通过污泥泵打入厢式压滤机进行脱水。滤后泥饼含固率≥25%。

污泥均化池和污泥浓缩池各1座，污泥均化池尺寸为：$L \times B \times H = 7\ m \times 4\ m \times 4\ m$，内设污泥搅拌机1台。污泥浓缩池直径$\phi = 8$ m，深4 m，内设浓缩机1台。

浓缩池的上清液和压滤机的滤液通过厂区污水管网重新进入生活污水处理系统。脱水后泥饼定期外运。

主要配套设备：

① 折桨式搅拌机1台，功率4.5 kW；

② 潜水污泥泵2台（1用1备），单泵流量$Q = 12\ m^3/h$，扬程$H = 24$ m，功率2.2 kW；

③ 污泥浓缩机1台，$\phi = 8$ m；

④ 厢式压滤机及配套设备1套（包括厢式压滤机本体、离心进料泵、配套气动阀、储气罐、料斗、集水装置、电控柜及控制系统等），过滤面积84 m^2；

⑤ 全自动加药装置1套（PAM制备及投加装置）。

三、回用水深度处理系统

回用水深度处理系统设计处理规模为700 m^3/h，分为A、B两个系统。A系统设计处理规模为 540 m^3/h，主要处理部分剩余回用水、处理后的冷轧废水、烧结酸碱废水，为了确保系统运行安全，A 系统的超滤和反渗透设计为 3 条线。B 系统设计处理规模为160 m^3/h，主要处理经处理后焦化酚氰废水，B系统超滤和反渗透设计为1条线。深度处理后的脱盐水作为生产新水的补水，浓水和化学清洗水用于渣场泼渣。超滤反洗水和纤维过滤器反洗水排入生产废水处理系统调节池。

本系统中纤维过滤器反洗、超滤反洗用气均采用压缩空气，由全厂压缩空气管网提供。

为便于统一管理，方便操作，设计将 A、B 两系统的设备及构筑物根据功能相同集中统一设置的原则，将所有钢筋混凝土水池、纤维过滤器、三维电解设备布置在室外，水泵、反渗透系统、超滤膜池、加药装置及电气控制设备布置在深度处理站主车间内。

室外水池包括脱盐水池（尺寸 8.5 m×9.8 m×5.0 m）、A 系统超滤产水池（尺寸8.5 m×9.8 m×5.0 m）、B系统超滤产水池（尺寸8.5 m×6.8 m×5.0 m）、A系统调节池（尺寸 8.5 m×11.3 m×5.0 m）、B 系统调节池（尺寸 8.5 m×11.3 m×5.0 m）、浓盐水池（尺寸 8.5 m×6.8 m×5.0 m）、废水池（尺寸 5.0 m×4.1 m×2.5 m）。调节池、浓盐水池、废水池的池内壁均采用玻璃钢树脂防腐，超滤产水池、脱盐水池的池内壁采用环氧树脂防腐。

回用水深度处理车间1座，尺寸为：$L\times B = 46.5\ m\times 31.5\ m$，内设反渗透设备间、水泵间、加药间、电气室及控制室等。

1. A深度处理系统

A 深度处理系统用于处理剩余回用水（250 m^3/h）、冷轧废水（200 m^3/h）、烧结酸碱废水（20 m^3/h），设计处理规模为 540 m^3/h，分3套并联运行，单套处理能力 180 m^3/h。

（1）设计进出水水质指标。

根据本系统处理废水的种类及水量、处理后出水的用途，确定本系统进出水水质指标，见表 3-43。为保证本系统运行的安全性，应同时将冷轧废水处理站外排水的水质监测数据传至全厂废水处理站中控室，以及时应对事故紧急情况，采取相应措施。

表 3-43　A深度处理系统进出水水质指标

水质项目	单位	进水水质	产品水水质	浓水水质
pH		6～9	6～7	5～9
COD_{Cr}	mg/L	<50		
浊度	NTU	≤15	<0.1	<40
悬浮物	mg/L	≤10	检不出	<30
总硬度（以 $CaCO_3$ 计）	mg/L	<400	<20	<1 100
总碱度（以 $CaCO_3$ 计）	mg/L	<130	<50	<355
氯离子	mg/L	<1 000	<60	<2 800

续表

水质项目	单位	进水水质	产品水水质	浓水水质
硫酸离子	mg/L	<80	<4	<220
碳酸盐	mg/L	<100	<5	<270
Ca^{2+}	mg/L	<350	<18	<950
Mg^{2+}	mg/L	<20	<1	<55
Fe	mg/L	<0.35	<0.02	<1
电导率	μs/cm	<3 500	<200	<10 000
含盐量	mg/L	<2 600	<150	<7 100
油类	mg/L	<5	检不出	<15

（2）工艺流程。

回用水、冷轧废水站 MBR 出水及烧结酸碱废水中的污染物质与 B 系统相比成分较为简单，主要为盐类及微量油。根据废水特性及进出水水质指标要求，设计采用超滤和反渗透为主的工艺流程，具体流程如图 3-12 所示。

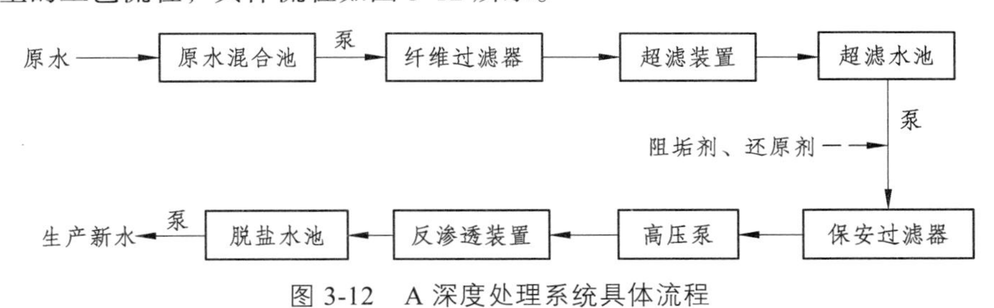

图 3-12　A 深度处理系统具体流程

经计量后的部分回用水、冷轧废水及烧结酸碱废水在原水混合池内混合后，经原水泵提升后进入纤维过滤器。拦截较大颗粒物，大幅度去除原水中的悬浮物以及微量油后进入超滤装置。超滤装置出水进入超滤水箱暂时储存。而后水经泵提升经过 5 μm 保安过滤器，出水再经高压泵加压，进入反渗透膜装置。脱盐后淡化水进入脱盐水池。

反渗透膜排放的浓盐水、化学清洗排水均送往反渗透浓水池，然后通过浓水泵输送至渣场泼渣。纤维过滤器及超滤反洗水排入生产废水处理系统调节池内。

（3）系统主要工艺设计参数（见表 3-44）。

原水设计水温按 20 ~ 30 °C 考虑。

表 3-44　A 深度处理系统主要工艺设计参数

A 深度处理系统总进水量	540 m^3/h
纤维过滤器总进水量	540 m^3/h（最大）
纤维过滤器设计滤速	30 m/h
纤维过滤器水的回收率	≥96%
超滤膜组件平均产水量	500 m^3/h

续表

超滤水系统回收率	≥90%
超滤出水 SDI 值	<3
超滤出水浊度	<0.2 NTU
平均通量（20 °C，LMH）	40
进行化学清洗的跨膜压差	0 ~ 85 kPa
产水周期过滤时长	30 min
产水周期反洗时长	90 ~ 120 s
加强反洗（CEB）频率	1 次/天
在线化学清洗频率	1 次/月
反渗透膜组件总产水量	350 m³/h
反渗透膜组件水的回收率	≥75%
反渗透膜组件总脱盐率（新膜一年内）	≥98%（20 °C）
反渗透膜组件脱盐率（运行三年内）	≥96.0%（20 °C）
反渗透膜组件污堵系数（运行三年后）	0.85

（4）主要工艺单元描述。

① 超滤前处理单元。

A 深度处理系统的原水主要为回用水及冷轧废水，水中含有小于 5 mg/L 的油类物质，悬浮物浓度不高。本单元主要设备为纤维过滤器，用于去除水中小于 5 mg/L 的油类物质和部分悬浮物，以提高超滤进水水质，保障超滤的安全运行。

纤维过滤器采用气水反冲洗，其中反洗水由原水泵提供。

原水混合池的有效容积为 405 m^3，水力停留时间 0.75 h。混合池内采用压缩空气进行搅拌。水池内壁应做环氧树脂防腐处理。

主要配套设备：

A. 原水提升泵 4 台（3 用 1 备，1 台带变频），单泵流量 $Q = 200\ m^3/h$，$H = 15\ m$，功率 15 kW。

B. 纤维过滤器 4 台，$\phi = 2.5\ m$，滤层 1.5 m，滤速 30 m/h。

C. 絮凝剂投加装置 1 套，包括 PAC 储罐 1 个（$V = 10\ m^3$）、计量泵 4 台、配套管道、阀门、自控仪表及电控柜等。

② 超滤系统。

超滤系统的作用是去除水中的悬浮固体，包括胶体、细菌等杂质，为反渗透提供合格的进水，从而保证反渗透系统的安全运行，降低反渗透系统化学清洗频率，延长反渗透膜的使用寿命。

超滤系统包括：超滤单元、超滤清洗单元、超滤反洗单元、超滤药品配制投加单元、超滤产品水池等。

设计采用浸没式超滤系统，1 座膜池，分 3 格。共分为 3 套超滤装置，每套最大净产水能力为 225 m^3/h（考虑有 1 套停止运行时），系统设计水回收率为 90%。每套膜架安装 120 根膜柱。

正常运行时，3 套系统全部投入运行，此时系统运行的平均膜通量为 40 L/（m^2·h）。每套膜装置亦可以独立运行，每 30 min 左右自动进行“清水反洗+空气擦洗”一次。此外，每套装置每 24 h 运行一次在线增强反洗，以保持过滤装置处于高通量、低运行压力的良好工作状态。系统设计的化学清洗周期为 60 d 以上。当超滤系统膜架进行化学清洗时，处于工作状态的 2 套装置仍能净产出 450 m^3/h 的水量，配合超滤产水池的调节容量，可确保后续反渗透系统的生产需要。

主要配套设备：

A. 超滤膜装置 3 套，每套含膜组件、膜挂架、产水抽吸泵（带变频）等。每套净出力为 167 m^3/h。膜元件为膜天膜 SMF 型中空纤维柱状膜，膜丝材质为 PVDF，单支膜面积 35 m^2。

B. 超滤清洗装置 1 套（与 B 系统共用），包括盐酸储罐 1 个（$V = 5\ m^3$）、次氯酸钠储罐 1 个（$V = 5\ m^3$）、氢氧化钠储罐 1 个（$V = 5\ m^3$）、盐酸加药泵 1 台、次氯酸钠计量泵 2 台、次氯酸钠加药泵 1 台、氢氧化钠计量泵 2 台、氢氧化钠加药泵 1 台、超滤化学清洗泵 1 台、配套管道、阀门、自控仪表及电控柜等。

C. 超滤反洗泵 2 台（1 用 1 备），单泵流量 $Q = 300\ m^3/h$，扬程 $H = 15$ m。

D. 超滤系统药剂储存及投加装置 1 套。

③ 反渗透系统。

反渗透系统的主要功能是脱除水中的盐分，系统回收率为 75%，3 年内的脱盐率大于 96%。设计采用 3 列并联运行，整个系统包括全自动反渗透机组、加药系统、冲洗及化学清洗系统。

来自超滤产水池的水经泵提升后，进入精度为 5 μm 的卧式保安过滤器，过滤掉水中的微小杂质颗粒，再经过高压泵的升压进入反渗透膜。反渗透产水送往淡水池，然后通过脱盐水输送泵供至生产给水管网，脱盐水输送泵出水总管加装流量计。浓水经过降压调流量，控制系统回收率后，送往浓水池。

反渗透装置为连续过滤。为防止污染物沉积，每套装置每 24 h 利用反渗透系统的产水对膜元件表面进行定期产水冲洗。反渗透装置在任何情况下出现停机时，必须及时进行自动低压冲洗，同时投加杀菌剂。过滤及冲洗均为自动进行。系统设计的化学清洗周期为 30 d 以上，设计为人工执行，可以根据清洗情况随时进行调整。

主要配套设备：

A. 提升泵 3 台，单泵流量 $Q = 160\ m^3/h$，扬程 $H = 32$ m。

B. 保安过滤器 3 台，过滤精度 5 μm。

C. 反渗透高压泵 3 台（带变频），单泵流量 $Q = 160\ m^3/h$，扬程 $H = 120$ m。

D. 反渗透装置 3 套，单套产水量 118 m^3/h，采用 1 级 2 段。膜元件为陶氏化学公司的 BW-365FR 产品。

E. 脱盐水输送泵 3 台（2 用 1 备，与 B 系统共用），单泵流量 $Q = 250\ m^3/h$，扬程

$H = 70$ m，功率 95 kW。

F. 浓水输送泵 2 台（与 B 系统共用），单泵流量 $Q = 200$ m³/h，扬程 $H = 60$ m，功率 55 kW。

G. 反渗透自动冲洗装置 1 套（与 B 系统共用）。

H. 反渗透化学清洗系统 1 套（与 B 系统共用）。

I. 阻垢剂加药系统 1 套，包括药剂储罐 1 个（$V = 1$ m³）、阻垢剂计量泵 3 台、配套管道、阀门、自控仪表及电控柜等。

J. 还原剂加药系统 1 套，包括药剂储罐 1 个（$V = 1$ m³）、还原剂计量泵 2 台、配套管道、阀门、自控仪表及电控柜等。

K. 非氧化性杀菌剂加药系统 1 套，包括药剂储罐 1 个（$V = 1$ m³）、杀菌剂计量泵 3 台、配套管道、阀门、自控仪表及电控柜等。

L. 氢氧化钠加药系统 1 套，包括药剂储罐 1 个（$V = 1$ m³）、氢氧化钠计量泵 2 台、配套管道、阀门、自控仪表及电控柜等。

2. B 深度处理系统

B 深度处理系统单独处理经焦化酚氰废水站处理达标后的外排水，处理能力为 160 m³/h，采用 1 套系统。

（1）设计进出水水质指标。

本系统设计进出水水质指标（进水指标即焦化酚氰废水处理站达标外排废水指标）见表 3-45，为保证本系统运行的安全性，应同时将焦化酚氰处理站外排水的水质监测数据传至全厂废水处理站中控室，以及时应对事故紧急情况，采取相应措施。

表 3-45 B 深度处理系统进出水水质指标

序号	项目	单位	进水水质	产品水水质	浓水水质
1	COD_{Cr}	mg/L	≤100	≤10	≤210
2	NH_3-N	mg/L	25	≤10	≤70
3	挥发酚	mg/L	≤0.5	≤0.05	≤2
4	氰化物	mg/L	≤0.5	≤0.05	≤2
5	油类	mg/L	10	未检出	≤40
6	悬浮物	mg/L	≤70	未检出	≤200
7	总碱度	mg-N/L	9.5	≤3	≤30
8	总硬度	mg-N/L	4.0	≤0.2	≤16
9	氯化物	mg/L	470	≤25	≤1 800
10	硫化氢	mg/L	5.0	≤1	≤18
11	电导率	μs/cm	2 800	<200	≤11 000

由于本系统出水将全部作为生产新水的补充水，因此出水指标应满足生产新水要求，其中电导率≤200 μs/cm。

（2）工艺流程。

焦化酚氰废水处理站的达标排水含盐量较高，无法满足生产用水的要求，所以在使用前必须进行脱盐处理。现行的主流废水脱盐工艺为双膜法（超滤+反渗透），工艺成熟稳定且自动化程度较高，但此工艺对进水要求较高，焦化酚氰废水处理站达标排水的COD、氨氮、油类仍然很高，无法满足双膜工艺进水要求，因此在进入超滤前需对焦化废水进行再次预处理。由于焦化酚氰废水经生化处理后的剩余COD主要为生物难降解有机物，只有通过氧化法才能降解。本设计采用三维电极氧化法作为超滤前的预处理，具体工艺流程如图3-13所示。

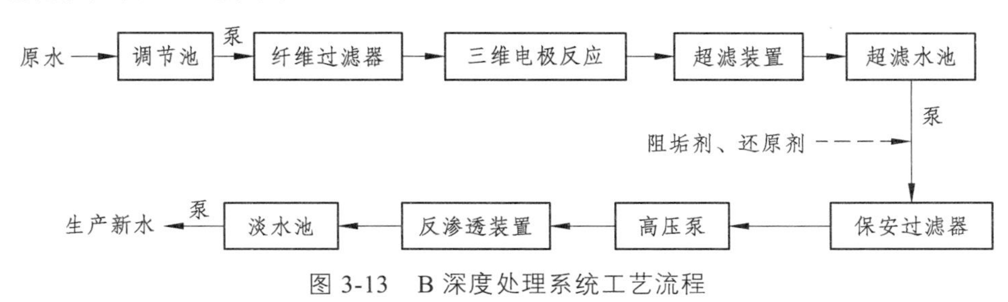

图3-13　B深度处理系统工艺流程

废水经专用管道送入调节池，进行水质水量调节后经泵提升进入纤维过滤器，进一步拦截颗粒物、微量油后进入三维电极反应系统。三维电极是在传统二维电解槽电极间装填催化电极材料，并使其表面带电，成为新的一级（第三级）。在外加电场作用下，粒子因静电感应而极化，使得靠近主阳极的一端感应而呈负极，而粒子的另一端感应成正极，从而每一个粒子都成为一个微型电解槽，使电化学氧化和还原反应可在每一个粒子电极表面同时进行，大大缩短了传质距离，有效利用了电解空间。该原理利用填充到电极板间的催化粒子对废水进行电氧化、电催化及吸附等复合作用，可充分降解水中的难降解有机物，保证超滤进水要求。三维电极反应系统出水自流入超滤装置。超滤装置出水经泵提升经过5 μm保安过滤器，出水再经高压泵加压，进入反渗透膜装置。脱盐后淡化水进入脱盐水池。

反渗透膜排放的浓盐水、化学清洗水均送往反渗透浓水池，然后通过浓水泵输送至渣场泼渣。纤维过滤器及超滤反冲洗水排入生产废水处理系统调节池。

（3）主要工艺单元描述。

本系统的反渗透装置及配套水泵、清洗系统、加药系统等均布置在回用水深度处理车间，部分反洗、加药设备为共用。超滤膜池与A系统合建，以便管理。

① 调节池。

用于调节来水的水量、水质，并兼作系统内部运行异常时的事故水池。调节池设1座，有效容积400 m³。

主要配套设备：

A. 提升泵2台，单泵流量$Q = 160\ m^3/h$，扬程$H = 40\ m$。

B. 混凝剂投加系统1套（与A系统共用）。

② 纤维过滤器。

功能描述见 A 深度处理系统小节。其中反洗水供水泵、反洗风机均与 A 系统共用。

主要配套设备：

纤维过滤器 2 台，ϕ = 2.5 m，滤层 1.5 m，滤速 30 ~ 35 m/h；

③ 三维电极反应系统。

三维电极反应装置主要包括：电极箱、催化填料、风机、PVC 配水系统等。

设计采用 8 组三维电催化氧化一体设备，分 2 列并联运行。

主要配套设备：

A. 三维电催化氧化一体设备 8 组，规格为 2.3 m×3.2 m×4.8 m，材质为 FPR，2 mm 厚 SS304 阴极，15 mm 厚 HACF 阳极，内附粒径 3 mm 的催化填料。

B. 风机 2 台（1 用 1 备），单台风量 13.4 m^3/min，风压 49 kPa。

④ 加药及清洗系统。

三维电极氧化系统在运行中，配备了 H_2O_2 投加系统，以免因进水水质波动造成对出水水质的影响。同时填充的催化填料在运行一定周期后，需要进行化学清洗，以洗去填料表面的胶体、油类等污染成分，恢复填料活性。

主要配套设备：

A. H_2O_2 投加装置 1 套，包括药剂储罐 1 个（V = 2 m^3）、计量泵 2 台、配套管道、阀门、自控仪表及电控柜等。

B. 清洗剂投加装置 1 套，包括药剂储罐 1 个（V = 2 m^3）、计量泵 2 台、配套管道、阀门、自控仪表及电控柜等。

⑤ 超滤系统。

功能描述见 A 深度处理系统相关小节。采用浸没式超滤系统，1 座膜池（与 A 系统合建）。超滤装置分为 2 组，设计膜通量在寿命周期内不低于 28 L/（m^2·h），部分设备与 A 系统共用。

主要配套设备：

A. 超滤膜装置 1 套，每套含膜组件、膜挂架、产水抽吸泵（带变频）等。膜元件为膜天膜 SMF 型中空纤维柱状膜，膜丝材质为 PVDF，单支膜面积 35 m^2。

B. 超滤清洗泵 1 台，流量 Q = 90 m^3/h，扬程 H = 15 m。

C. 清洗过滤器 1 台，过滤精度 100 μm。

D. 超滤系统药剂投加装置 1 套（储存装置与 A 系统共用）。

E. 超滤清洗装置与 A 系统共用。

⑥ 反渗透系统。

功能描述见 A 深度处理系统相关小节。采用 1 套反渗透装置，部分设备与 A 系统共用。系统回收率≥75%。

主要配套设备：

A. 提升泵 2 台，单泵流量 Q = 160 m^3/h，扬程 H = 35 m。

B. 保安过滤器 1 台，过滤精度 5 μm。

C. 反渗透高压泵 2 台（带变频），单泵流量 Q = 160 m^3/h，扬程 H = 150 m。

D. 反渗透装置 1 套，设计出力 110 m^3/h，采用 1 级 2 段。膜元件为陶氏化学公司的 BW-365FR 产品。

E. 反渗透自动冲洗装置与 A 系统共用。

F. 反渗透化学清洗系统与 A 系统共用。

（4）生产安全应急处理措施。

B 系统水质特殊，处理工艺较为复杂，为了应对生产过程中的一些事故情况，在此系统中设置了如下几种应急处理措施：

① 为保证本系统运行的安全性，将焦化酚氰处理站外排水的水质监测数据传至全厂废水处理站中控室，实时监控来水水质，并在 B 系统的进水总管上设置了自动切换阀，并与在线仪表连锁，当焦化废水处理站处理水质超标或本水处理系统发生故障时，阀门自动关闭，切断来水。电话通知焦化酚氰处理站。

② 当调节池接收有不合格来水时，可通过浓盐水泵将水送至渣场泼渣。

附图：主要构筑物（见图 3-14 ~ 图 3-25）。

图 3-14　生产废水系统进水调节池

图 3-15　生产废水系统箱式压泥机

图 3-16　生活污水系统浓缩池

图 3-17　生产系统 V 型滤池

图 3-18　生活污水系统 CASS 池

图 3-19　深度系统 4 套反渗透装置

图 3-20　深度系统供水泵房

图 3-21　处理后的生产废水、生活污水，用鱼塘养鱼

图 3-22　生产废水进水调节池

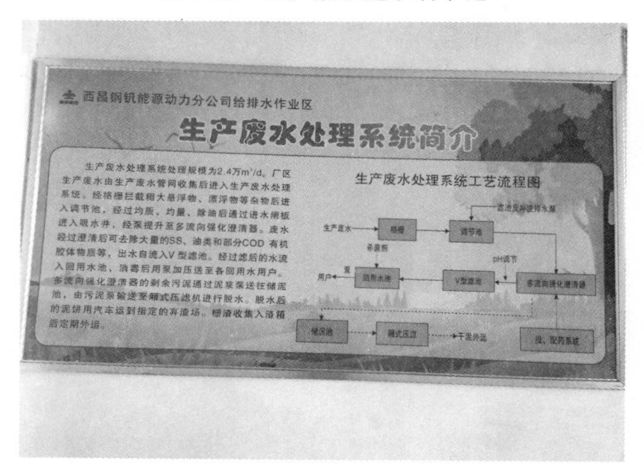

图 3-23　生产废水系统工艺

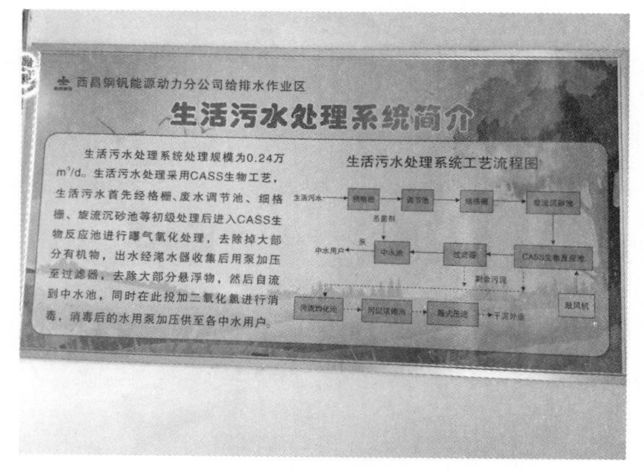

图 3-24　生活污水系统工艺

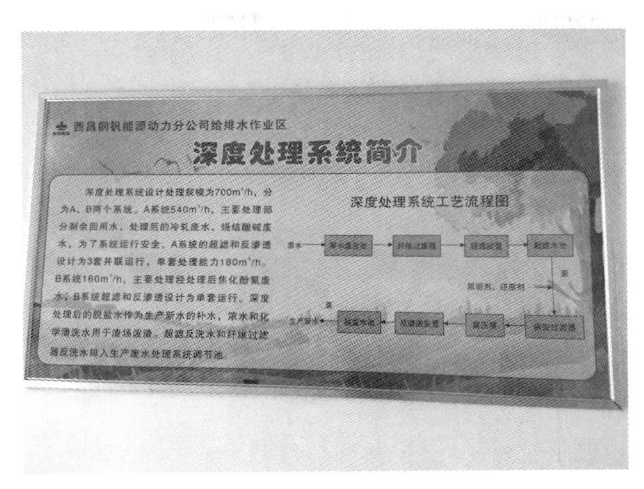

图 3-25　深度系统工艺

第五节　食品加工废水污染控制工程案例①

——华润雪花啤酒（四川）有限责任公司广安分公司水处理工程案例

一、建设项目概况

企业名称：华润雪花啤酒（四川）有限责任公司广安分公司。

生产内容/产品概况：华润雪花啤酒（四川）有限责任公司广安分公司为华润雪花啤酒有限公司在武胜县投资注册的一家公司。项目于 2013 年 5 月 6 日由武胜县经济和信息化局批准备案。2014 年 7 月由中国轻工业成都设计工程有限公司于 2014 年 7 月编制完成了《华润雪花啤酒（广安）有限责任公司 20 万千升/年搬迁扩建项目环境影响报告书》，同年 7 月 23 日四川省环境保护厅对项目进行了批复。该项目于 2015 年 5 月开工建设，于 2017 年 4 月基本完成建设并投产。项目设计啤酒产能为 20 万千升/年，实际建成啤酒产能为 20 万千升/年。项目直接购买麦芽、啤酒花、啤酒糖浆等原料进行生产，原料经破碎、糖化、发酵、过滤、灌装、杀菌和装箱堆码等工序成为成品。生产过程中产生的废水通过自建 2 500 m^3/d 的污水处理站集中处理后，达标排放。

项目占地：项目总占地面积 237 亩（1 亩≈666.7 m^2）。

项目投资：项目总投资 34 400 万元，其中环保投资 2 630 万元，环保投资占总投资比例为 7.6%。

运行时长：华润雪花啤酒（四川）有限责任公司广安分公司现有职工 130 人。生产

① 本节内容摘自华润雪花啤酒（四川）有限责任公司广安分公司环境影响评价报告。

车间采用 2 班或 3 班 24 h 连续生产，年生产 300 d。

项目所处地址及周边环境情况：华润雪花啤酒（四川）有限责任公司广安分公司厂址位于四川省武胜县沿口镇迎宾大道 36 号，厂址周边配套设施齐全。

东面：临近园区道路，路宽 12 m，路对面为园区安置区一期项目（20 m）、新跃水库（20 m）。东面 286 m 为方坪村 6 社散居民舍，该区域为园区规划的安置区二期用地。这些散居民舍在园区建设中由当地政府逐步实施搬迁。东南面 216 m 为园区安置小区。

南面：厂区东南角紧邻嘉陵职业技术学校，校内有实习基地，主要为学生提供实习场所，其主要加工内容为车床、数控加工，无喷漆工序。西半侧临近广武路（广安至武胜，路宽 30 m）。

西面：临近园区创业路（路宽 20 m），道路对面由北至南有四川美之味食品有限公司、四川龙祥食品有限公司、四川安泰丝绸集团有限公司。

西北面：主要为武胜县佳达机动车检测有限公司、武胜展华食品有限公司、广安市农峰食品有限公司等公司。

北面：临近园区富强路（路宽 16 m），路对面为市政公租房、廉租房。公司地理位置见图 3-26。

企业平面布置图：项目占地面积为 237 亩，主要厂区平面布置如图 3-27 所示。

二、项目生产工艺原理及工艺流程

1. 生产工艺原理

项目直接购买麦芽、糖浆进行生产，生产过程包括糖化（含原料预处理）、发酵、包装 3 个阶段。

（1）糖化工段（含原料预处理）。

原料麦芽经过湿法粉碎与糖浆一起糖化、过滤、煮沸（添加酒花）、回旋沉淀、冷却等工艺，制成冷麦汁。

麦芽汽运入厂后，破袋后机械输送至筒仓，然后经去除杂质（石头、铁等杂物），进入计量仓，管道输送至湿粉碎机并掺入酿造水（麦芽∶水 = 1∶3.2）粉碎成麦芽浆，再将麦芽浆泵入糖化锅，温度控制在 35 °C，保温 15 min，升温至 48 ~ 525 °C，蛋白质休止 20 ~ 30 min。

外购糖浆运入厂后泵入糖浆罐，输送进糖浆计量罐，经热水稀释后与煮沸锅内煮沸结束的全麦芽汁混合，再泵入旋涡沉淀槽。

序号	名称	方位距离
1	公租房、廉租房	北侧 20m
2	园区安置区一期-北区	东侧 20m
3	嘉陵职业技术学校	南侧，紧邻
4	方坪村 6 社散居民舍	东侧，234m
5	方坪村 6 社散居民舍	东北侧，286m
6	园区安置小区	东北侧，216m
7	上和园小区(在建)	南侧，120m
8	四川安泰丝绸集团有限公司	西侧，30m
9	水景豪园小区	西南侧，435m
10	武胜县农副产品交易集散中心	西南侧，425m
11	武胜群丰建材瓷砖批发城	西南侧，580m
12	武胜县城东学校（在建）	西侧，445m
13	广安善详食品有限公司	西侧，340m
14	武胜县佳达机动车检测有限公司	西侧，186m
15	四川纤艺服装有限公司	西侧，230m
16	四川省仙泰食品有限责任公司	西侧，245m
17	四川龙详食品有限公司	西侧，30m
18	四川美之味食品有限公司	西侧，30m
19	武胜展华食品有限公司	西侧，35m
20	广安市农峰食品有限公司	西北侧，105m

图 3-26　地理位置

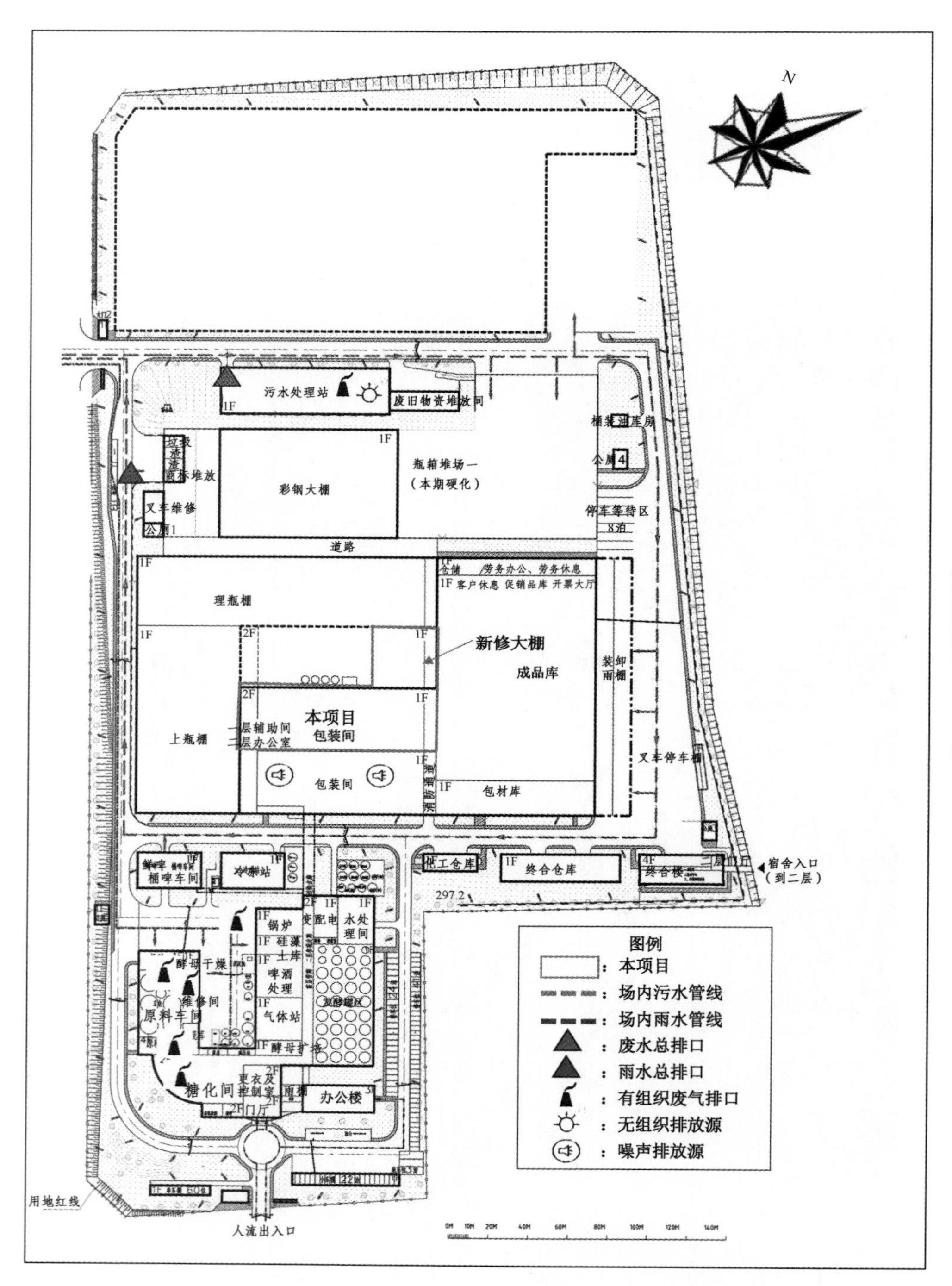
N
污水处理站
废旧物资堆放间
桶装油库房
垃圾废渣
商标堆放
彩钢大棚
瓶箱堆场一
（本期硬化）
公厕4
叉车维修
公厕1
停车等待区
8泊
道路
仓储
劳务办公、劳务休息
1F 客户休息 促销品库 开票大厅
理瓶棚
新修大棚
成品库
装卸雨棚
本项目
包装间
二层辅助间
二层办公室
上瓶棚
包装间
消防通道
包材库
叉车停车棚
冷冻站
化工仓库
综合仓库
综合楼
宿舍入口
（到二层）
297.2
锅炉
变配电
水处理间
硅藻土库
啤酒处理
气体站
发酵罐区
酵母干燥
维修间
原料车间
酵母扩培
更衣及控制室
糖化间
雨棚
办公楼
2F门厅
用地红线
人流出入口
图例
本项目
场内污水管线
场内雨水管线
废水总排口
雨水总排口
有组织废气排口
无组织排放源
噪声排放源

图 3-27 厂区平面布置

糖化完成后，将糖化醪泵入过滤槽进行麦汁过滤，过滤采用泵循环过滤，直至清澈透明，再泵入麦汁暂存罐。头号麦汁过滤完成后，进行喷淋洗槽，麦糟残糖控制在≥1°P，麦糟进入麦糟暂存仓后输送至室外麦糟罐储存。过滤清洗采用麦汁冷却时热交换的酿造水，洗涤 3 次。

麦汁由麦汁暂存罐送入煮沸锅内进行煮沸，煮沸过程分 2 ~ 3 次添加酒花，煮沸强度控制在 6%h。煮沸结束后，将麦汁泵入旋涡沉淀槽进行热凝固物分离。

进入旋涡沉淀槽的热麦汁经过 30 min 的沉淀后，送入板式冷却器进行冷却（用 2 ~ 3 °C 冷却剂作冷却介质），一次冷却到所需温度（7 ~ 9 °C）后泵入发酵间。冰水吸热升温至 75 ~ 80 °C，储备供麦汁过滤槽洗水和湿式破碎用。热凝固物和酒花槽经过滤后（含水率约 80%）暂存回收罐中，交具有资质的相关方单位处置。过滤的澄清麦汁送煮沸锅。

（2）发酵工段。

冷麦汁经文丘里管充入无菌空气（麦汁中溶解氧含量 7 ~ 10 mg/L）及酵母（酵母接种量 0.6% ~ 0.8%）后，进入浮选罐进行冷凝固物分离。经分离后的麦汁送锥形发酵罐，按指定发酵曲线发酵（发酵周期平均约 20 d，发酵温度最高 12 °C；采用−4 °C 酒精水作冷媒），将麦芽糖分解成乙醇和 CO_2。

发酵完的嫩啤酒经烛式硅藻土过滤机系统过滤后，再经捕集过滤器过滤，得到澄清啤酒，再经过高浓度稀释装置与脱氧水混合（稀释比例 1.2% ~ 1.4%），进入清酒罐储存。

发酵过程中分几次排出酵母[达到高温阶段（12.5 °C）排放一次，达到 0 °C 阶段后每天排放一次]，优质酵母送酵母储存罐留作接种用；废酵母泥外售给有资质的单位。

（3）包装工段。

空罐采用外购，由卸罐机器卸下后经输送带送至包装车间。经验罐机、灌酒机、灌装压盖机、液位检测器、杀菌（巴氏杀菌）、罐体喷码、全纸包机（膜包机）、喷码等工序，最后码垛送至仓库储存。

2. 生产工艺流程

项目直接购买麦芽、啤酒花、啤酒糖浆等原料进行生产，原料经破碎、糖化、发酵、过滤、灌装、杀菌和装箱堆码等工序成为成品。工艺流程及产污节点如图 3-28 所示。

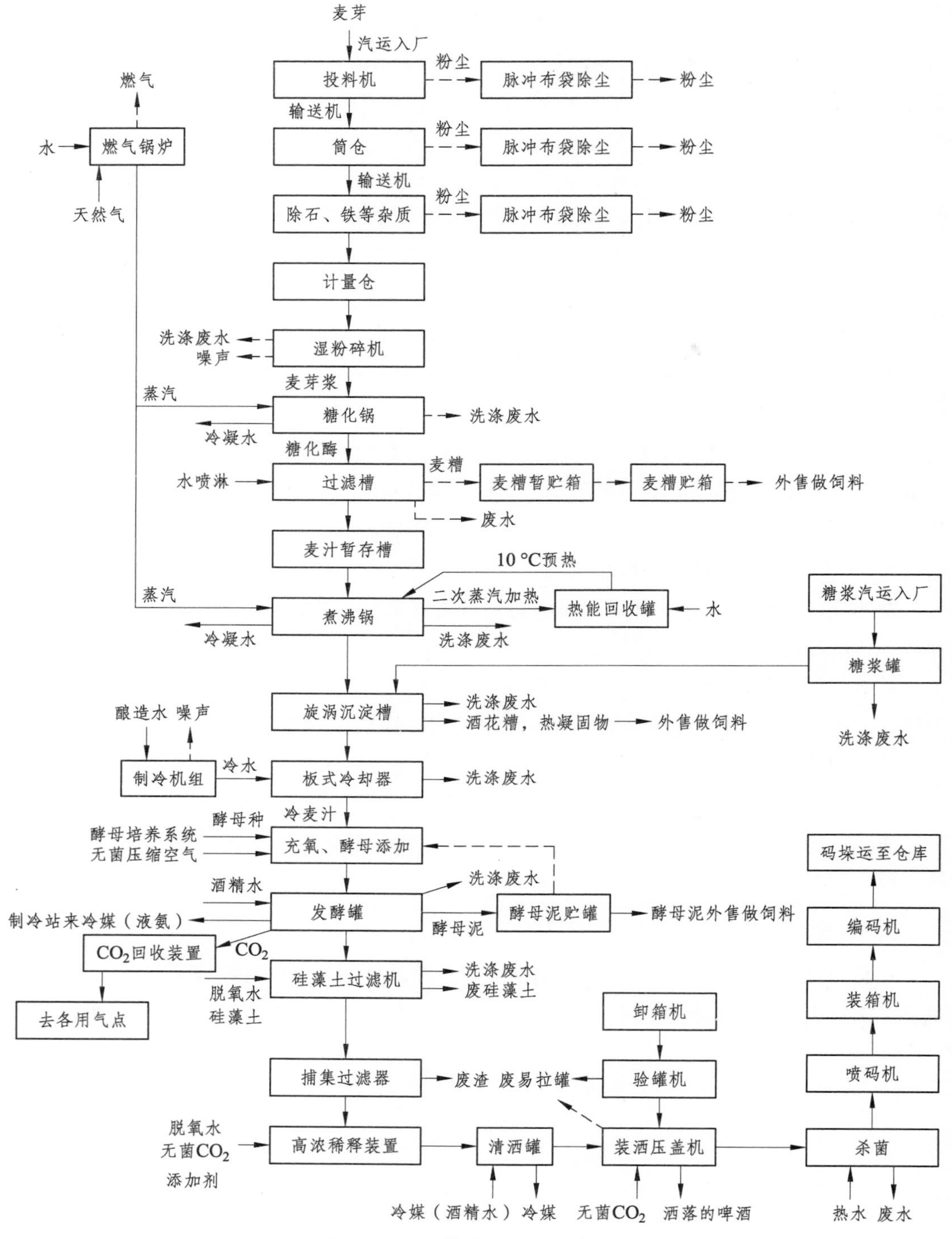

图 3-28 工艺流程及产污节点

生产过程中主要原辅材料见表 3-46。

表 3-46　项目主要原辅材料、燃料动力用量及来源

物料名称	单位	消耗量	来源	物料名称	单位	消耗量	来源
麦芽	t	19 000	外购	5%酒精水	t	300	外购
糖浆	t	10 300	外购	液氨	t	6	外购
酒花	t	76	外购	10%稀盐酸	t	1.5	外购
硅藻土	t	200	外购	片碱	t	0.5	外购
玻璃瓶（含盖）	万个	36 800	外购	电	万 kW·h	1 310	外购
天然气	m^3	281 280	外购	水	m^3	880 000	外购

三、厂区废水排污及污染防治措施

1. 项目生产废水、生活污水产排污情况

（1）废水产生及排放情况简述。

本项目营运期产生的废水主要为厂区员工产生的生活污水、设备冲洗废水、杀菌废水、残留酒等。

项目排水采用雨、污分流制。员工产生的生活污水、设备冲洗废水、杀菌废水、残留酒等进入公司自建的污水处理站统一处理，达标排放至市政管网，最终经武胜县第二污水处理厂处理达到《城镇污水处理厂污染物排放标准》（GB 18918—2002）一级 A 标准后排入嘉陵江。

公司现有污水处理站于 2017 年投入运行，污水处理站设计处理能力为 2 500 m^3/d，废水采用二级生化处理工艺："UASB+接触氧化池工艺"，排放标准为《啤酒工业污染物排放标准》（GB 19821—2005）预处理，污水处理工艺流程见图 3-29。

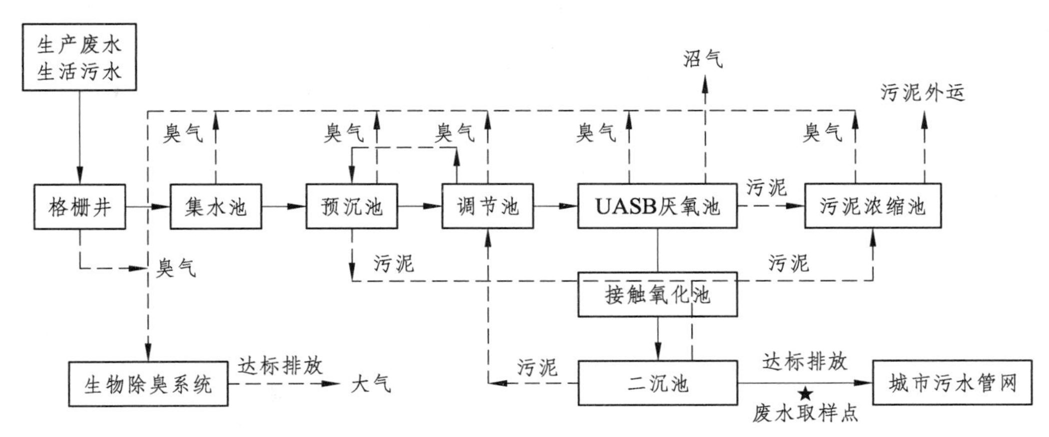

图 3-29　污水处理工艺流程

（2）主要污染物对环境的影响（水污染部分）。

项目产生的生活污水、生产废水经厂内污水处理站预处理达标后排放至市政管网，

再经城市污水处理厂处理达标后排放。项目运营对周边水环境影响较小。

2. 所处地理位置水环境质量要求及污水排放指标

项目建设不属于《四川省长江经济带发展负面清单实施细则（试行）》明令禁止建设项目；项目与《水污染防治行动计划》（国发〔2015〕17 号）、《〈水污染防治行动计划〉四川省工作方案》（川府发〔2015〕59 号）、《广安市水污染防治行动工作方案》（广安府发〔2016〕6 号）等水污染防治相关规划相符；项目也符合《长江经济带生态环境保护规划》（环规财〔2017〕88 号）的相关要求；且项目选址位于四川武胜经济开发区-武胜县城东南商贸区，根据广安市人民政府《关于印发广安市生态保护红线方案的通知》（广安府发〔2018〕号 25 号），本项目不在广安市生态保护红线划定区域内，符合生态红线要求。根据环评监测结果，评价区域河流各指标均能达到《地表水环境质量标准》（GB 3838—2002）的Ⅲ类水域标准，区域水体水质良好。

公司废水采用二级生化处理工艺："UASB+接触氧化池工艺"，排放标准为《啤酒工业污染物排放标准》（GB 19821—2005）预处理标准。污水排放指标见表 3-47。

表 3-47 污水执行标准及排放限值

项目	单位	排放限值	执行标准
化学需氧量（COD_{Cr}）	mg/L	500	《啤酒工业污染物排放标准》（GB 19821—2005）预处理标准
pH	无量纲	6～9	
五日生化需氧量（BOD_5）	mg/L	300	
悬浮物（SS）	mg/L	400	

3. 生产废水处理工艺

（1）项目废水水质。

啤酒生产用的主要原料为麦芽、酒花、啤酒糖浆等，在生产过程中不加任何有毒有害的物质。啤酒酿造生产过程中产生的污水中主要成分是麦糟、酒花残渣、酵母菌残体、粗蛋白、糖类、多种氨基酸等，属于高营养的有机废水。华润雪花啤酒（四川）有限责任公司广安分公司旺季废水最大产生量为 2 325.3 m^3/d，故本项目污水设计处理能力为 2 500 m^3/d，结合项目水质及执行的排放标准，废水采用二级生化处理工艺。本公司污水处理工艺为"UASB 反应器+接触氧化池工艺"。

（2）UASB 反应器。

废水通过布水装置依次进入底部的污泥层和中上部污泥悬浮区，与其中的厌氧微生物进行反应生成沼气，气、液、固混合液通过上部三相分离器进行分离，污泥回落到污泥悬浮区，分离后废水排出系统，同时回收产生沼气的厌氧反应器。

UASB 主要包括布水装置、三相分离器、出水收集装置、排泥装置及加热和保温装置，反应器结构形式见图 3-30。

UASB 的优点：

① 有机负荷高，水力停留时间长，采用中温发酵时，容积负荷一般为 10 kg COD / (m^3·d)左右。

② UASB 内污泥浓度高，平均污泥浓度为 20 ~ 40 gVSS / L。

③ 污泥床不填载体，节省造价及避免因填料发生堵塞问题。

④ UASB 内设三相分离器，通常不设沉淀池，被沉淀区分离出来的污泥重新回到污泥床反应区内，通常可以不设污泥回流设备。

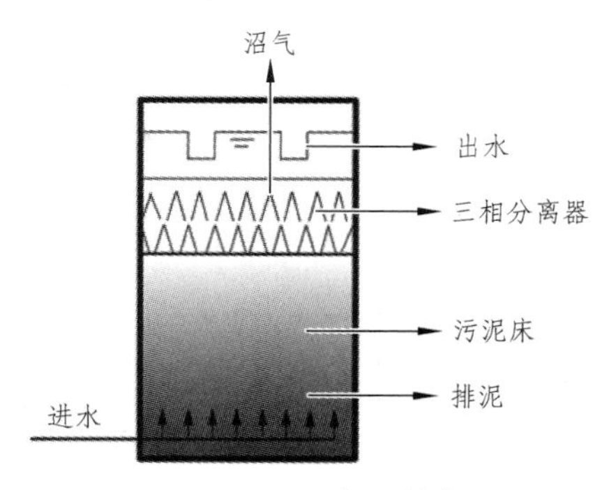

图 3-30 反应器结构

⑤ 无混合搅拌设备，靠发酵过程中产生的沼气的上升运动，使污泥床上部的污泥处于悬浮状态，对下部的污泥层也有一定程度的搅动。

⑥ 厌氧产生的沼气经储气柜收集后作能源使用。

（3）主要工艺设备一览表（见表 3-48）。

表 3-48 主要工艺设备一览表

序号	构筑物名称	尺寸/m	数量	容积/m^3	备注
1	集水池/格栅井		1	200	钢筋混凝土
2	事故池		1	800	钢筋混凝土
3	初沉池	6.0×6.0×6.0	3	648	钢筋混凝土
4	调节池		1	615.6	钢筋混凝土
5	U-UASB 厌氧罐基础	ϕ 11.0×0.5	2	1 727	钢筋混凝土
6	中沉池	12.0×6.0×5.3	1	381.6	钢筋混凝土
7	接触氧化池	15.5×6.0×4.8	3	1 339.2	钢筋混凝土
8	二沉池	15.3×6.0×4.2	1	385.56	钢筋混凝土
9	中间水池	6.0×3.0×4.2	1	75.6	钢筋混凝土
10	无阀过滤器基础	3.2×6.75×0.3	1	6.48	钢筋混凝土
11	测流槽	0.8×5.0	1		钢筋混凝土
12	储泥池	6.0×6.0×5.3	1	190.8	钢筋混凝土

（4）物料平衡分析。

华润雪花啤酒（四川）有限责任公司广安分公司啤酒生产淡、旺季明显。项目旺季生产约 6 个月，啤酒产量约 16 万千升，占设计产量的 80%。旺季时新鲜水总用量为 3 992 m^3/d，生产用水和生活用水分别为 3 960 m^3/d 和 32 m^3/d；总生产废水排放量 2 531.53 m^3/d，生活废水排放量 25.6 m^3/d，环保设施排放量 22 m^3/d，进入污水处理站的废水总量 2 325.3 m^3/d。本啤酒工程单位生产的产品的水量平衡见图 3-31。

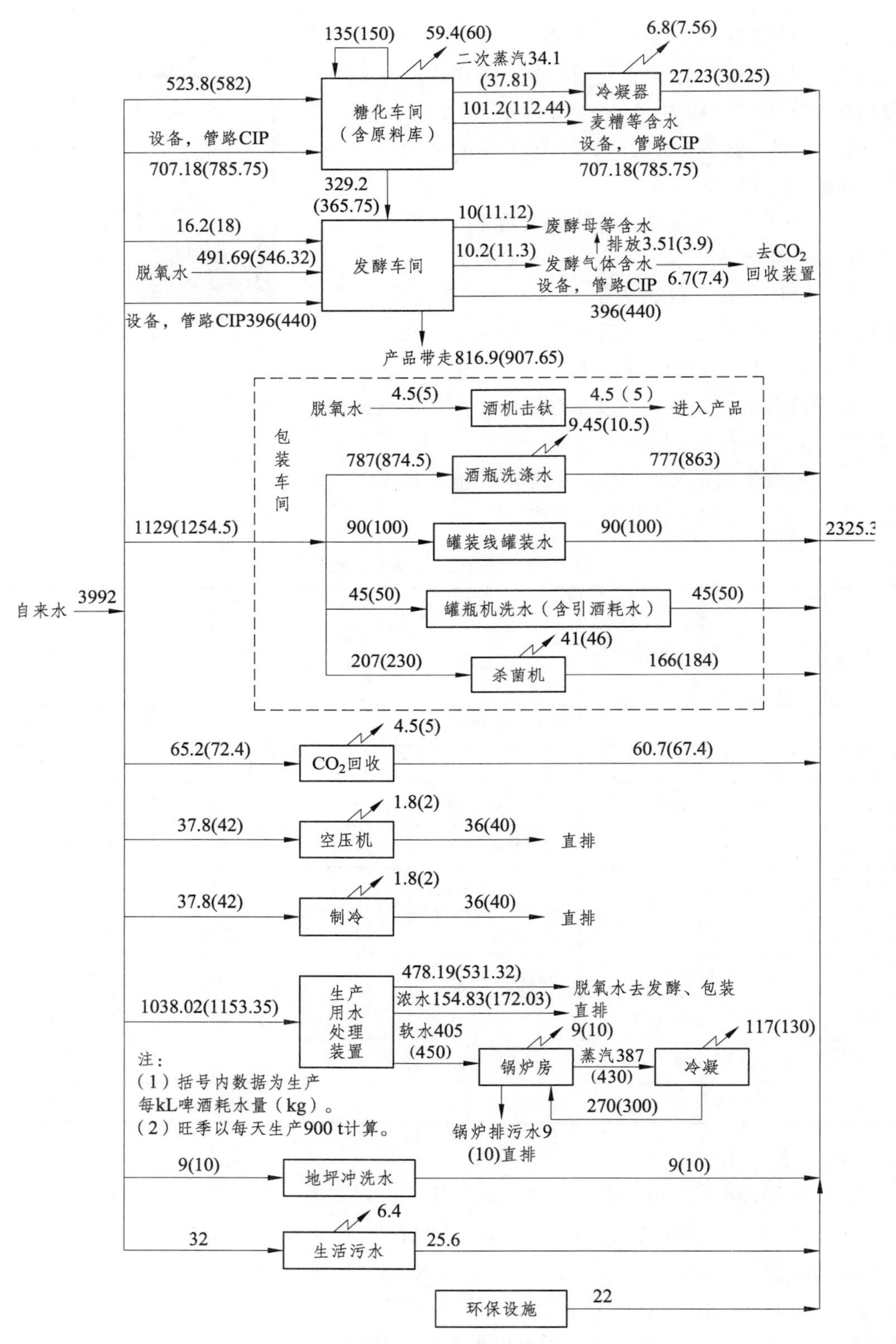
135(150)
59.4(60)
6.8(7.56)
523.8(582)
二次蒸汽34.1
(37.81)
冷凝器
27.23(30.25)
糖化车间
(含原料库)
101.2(112.44)
麦糟等含水
设备，管路CIP
707.18(785.75)
设备，管路CIP
707.18(785.75)
329.2
(365.75)
16.2(18)
10(11.12)
废酵母等含水
排放3.51(3.9)
脱氧水
491.69(546.32)
发酵车间
10.2(11.3)
发酵气体含水
去CO_2
回收装置
设备，管路CIP
6.7(7.4)
设备，管路CIP396(440)
396(440)
产品带走816.9(907.65)
脱氧水
4.5(5)
酒机击钛
4.5（5）
进入产品
9.45(10.5)
包装车间
787(874.5)
酒瓶洗涤水
777(863)
1129(1254.5)
90(100)
罐装线罐装水
90(100)
2325.3
自来水
3992
45(50)
罐瓶机洗水（含引酒耗水）
45(50)
41(46)
207(230)
杀菌机
166(184)
4.5(5)
65.2(72.4)
CO_2回收
60.7(67.4)
1.8(2)
37.8(42)
空压机
36(40)
直排
1.8(2)
37.8(42)
制冷
36(40)
直排
478.19(531.32)
脱氧水去发酵、包装
1038.02(1153.35)
生产用水处理装置
浓水154.83(172.03)
直排
软水405
(450)
9(10)
117(130)
锅炉房
蒸汽387
(430)
冷凝
270(300)
注：
（1）括号内数据为生产每kL啤酒耗水量（kg）。
（2）旺季以每天生产900 t计算。
锅炉排污水9
(10)直排
9(10)
地坪冲洗水
9(10)
6.4
32
生活污水
25.6
环保设施
22

图 3-31 水量平衡

（5）处理前污水水质指标。

本项目营运期产生的废水主要为厂区员工产生的生活污水、设备冲洗废水、杀菌废水、残留酒等。处理前污水水质情况见表 3-49。

表 3-49 处理前污水水质情况

项目		单位	1 月	2 月	3 月	4 月	5 月	6 月	7 月	8 月	9 月	10 月	11 月	12 月	全年平均累计
原水	COD	mg/L	1 447.1	1 232.6	2 034.5	2 054.4	3 011.7	3 390.0	2 824.1	2 938.5	3 312.8	2 558.2	2 710.7	3 127.6	2 553.5
	pH	—	8.4	8.9	8.4	8.3	8.0	8.2	8.3	8.0	7.7	8.1	8.2	8.7	8.3
	SS	mg/L	604.7	645.0	523.0	945.0	535.0	836.8	883.5	448.3	616.7	508.0	552.0	238.0	611.3
	NH_3-N	mg/L	28.1	19.7	17.2	24.1	41.5	43.9	44.4	38.2	44.3	30.4	28.2	43.9	33.7
	TP	mg/L	9.5	9.3	6.3	11.4	8.4	7.4	7.6	6.4	8.8	7.4	7.4	14.4	8.7
	BOD	mg/L	215.5	245.0	225.0	195.7	255.5	171.8	262.5	2 195.0	1 984.3	2 108.3	2 790.7	2 383.5	1 086.1

（6）处理后污水水质情况（见表 3-50）。

表 3-50 处理后污水水质情况

项目		单位	1 月	2 月	3 月	4 月	5 月	6 月	7 月	8 月	9 月	10 月	11 月	12 月	全年平均累计
总排口	COD	mg/L	179.6	115.1	80.9	91.6	108.3	105.4	93.6	89.8	95.8	81.5	94.5	151.9	107.3
	BOD	mg/L									62.0		105.3	103.0	90.1
	pH	—	8.3	8.2	8.3	8.3	8.2	8.2	8.1	8.2	8.2	8.1	8.2	8.1	8.2
	SS	mg/L	109.5	98.5	119.5	103.3	118.3	99.7	93.0	69.5	99.5	79.0	101.0	142.0	102.7
	氨氮	mg/L	31.6	49.9	3.9	3.6	5.9	4.4	7.3	7.7	23.1	27.9	23.2	29.6	18.2
	TP	mg/L	1.7	1.0	1.2	3.7	2.4	2.2	1.8	1.5	1.1	0.9	1.8	1.7	1.7
	总氮	mg/L	47.2	59.2	76.1	46.0	56.8	39.0	31.3	39.0	43.5	39.2	36.6	37.4	45.9
沼气	月产沼气量	m^3	0.0	3 283.0	3 458.0	4 083.0	6 555.0	19 182.7	22 489.0	20 534.3	17 193.1	18 124.7	14 818.2	11 603.5	141 324.5

（7）排水达标性分析。

由表 3-49、表 3-50 可知，项目废水经“UASB+接触氧化池”工艺处理后，厂区排口水污染排放浓度可以同时满足《啤酒工业污染物排放标准》（GB 19821—2005）预处理标准，因此本项目拟采用的污水处理工艺可以满足废水排放要求。

第六节 人工湿地案例

——白云湖水质改善项目

一、人工湿地设计

1. 人工湿地介绍

（1）人工湿地工作原理。

人工湿地系统是在有一定长宽比和底面坡度的洼地中，由土壤和填料（如砾石等）混合组合而成的填料床，并栽种经过选择的水生、湿生植物，组成类似于自然湿地状态的方案化的湿地系统。水体在床体的填料缝隙中流动，或在床体表面流动，在基质吸附、过滤，植物吸收、固定、转化、代谢及湿地微生物的分解、利用、异化等过程的综合作用下，水体中的污染物质得以去除。湿地系统中的氮、磷不仅能通过植物和微生物作为营养被吸收，而且还可以通过硝化、反硝化作用将其除去，最后湿地系统更换填料或收割栽种植物将污染物最终除去。

人工湿地系统的主要优势体现在：有机物和氮磷的去除效率高、出水水质好、运行维护方便、管理简单、投资小、运行费用低、符合自然界水质净化和水资源循环的生态学规律等。人工湿地的建立不但可以起到对湖泊水体的净化效果，同时也可以加强湖泊的景观效应。人工湿地系统结构图及效果图见图 3-32、图 3-33。

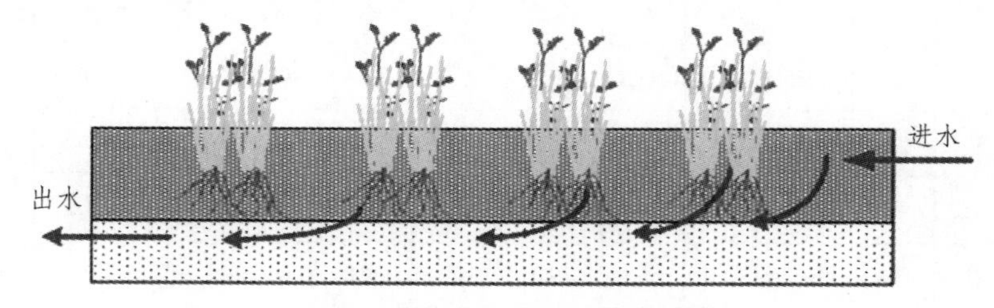

图 3-32 人工湿地结构示意图

图 3-33 人工湿地效果图

（2）人工湿地分类。

人工湿地按污水在其中的流动方式可分为两种类型：表面流人工湿地和潜流人工湿地。两种人工湿地的工艺特性及优缺点见表 3-51。表面流湿地系统中，水体在湿地的表面流动，水位较浅，多在 0.1 ~ 0.6 m 之间，它与自然湿地最为接近，具有投资少、便于管理等优点。潜流式人工湿地系统中，水体在湿地床的内部流动，可以充分利用填料表面生长的生物膜、丰富的植物根系及填料和表层土的截留等作用，以提高其处理效果和处理能力；但当有机污染负荷较重的情况下，易造成床体堵塞，且造价较高，一般为表面流湿地的 4 ~ 8 倍。

表 3-51　两种人工湿地对比

类型	表面流湿地	潜流湿地
介质类型	介质为原始土壤或填料	介质为填料
水流方式	污水以较慢速度从湿地表面流过	水流在地表下流动，充分利用填料表面生长的生物膜和丰富的植物根系
处理效果	一般	相对较好
投资	投资少、操作简单、运行费用低	投资大，需运行维护

2. 湿地修复区设计

在东西湖之间的连接处按照原规划借助自然地理条件并结合景观布设人工湿地，加强对水体的修复，促进生态系统恢复。人工湿地的设计除了满足水质净化的作用，还要兼顾人工湖对河涌的补水功能和景观效果。湿地区总面积约为 2.2 万 m^2，湿地的布置考虑地形高差、东西湖水位差以及景观栈道的修建。

白云湖建成后，需要向滘心涌、环滘涌、海口涌、石井河四条河涌合计补水 18.3 m^3/s，按每日补水时间 8 h 计，人工湖调蓄水量为 52.7 万 m^3，需调蓄水深为 0.5 m。人工湖由东湖和西湖两部分组成，东西湖连接处为本案例需要设计的湿地修复区。其中东湖向滘心涌和海口涌分别补水 1.65 m^3/s 和 2.50 m^3/s；西湖向石井河和环滘涌分别补水 12.75 m^3/s 和 1.40 m^3/s。当西湖对环滘涌和石井河补水时，水体必将由东湖流经湿地进入西湖区，如此大流量的水体在流经湿地时，相应地对湿地的过水能力必将提出更高的要求；且东西湖之间的湿地区面积仅 22 000 m^2，对 52.7 万 m^3 水量而言湿地面积太小，且水力停留时间很短，难以取得预期的处理效果。故在对两湖间的湿地区进行布设时，主要考虑其补水和景观功能，在此基础上，尽可能兼顾其对污染物去除效果和生态修复作用。因此，在本方案中将东西湖之间的湿地区设计成更加接近自然景观的表面流人工湿地系统，在湿地床上铺设碎石、砾石，并种植具有高效吸收污染物能力的植物，加强对水体的净化处理。

（1）表面流人工湿地平面设计。

表面流湿地一般长宽比应小于 10∶1，根据人工湖两铁路间的地形情况将人工湿地分成两块并联使用，其中湿地 1 面积 $As_1 = 16\ 514\ m^2$，湿地 2 面积 $As_2 = 6\ 355\ m^2$，湿地区总面积 $A = As_1 + As_2 = 22\ 869\ m^2$。湿地区平面布置如图 3-34 所示。

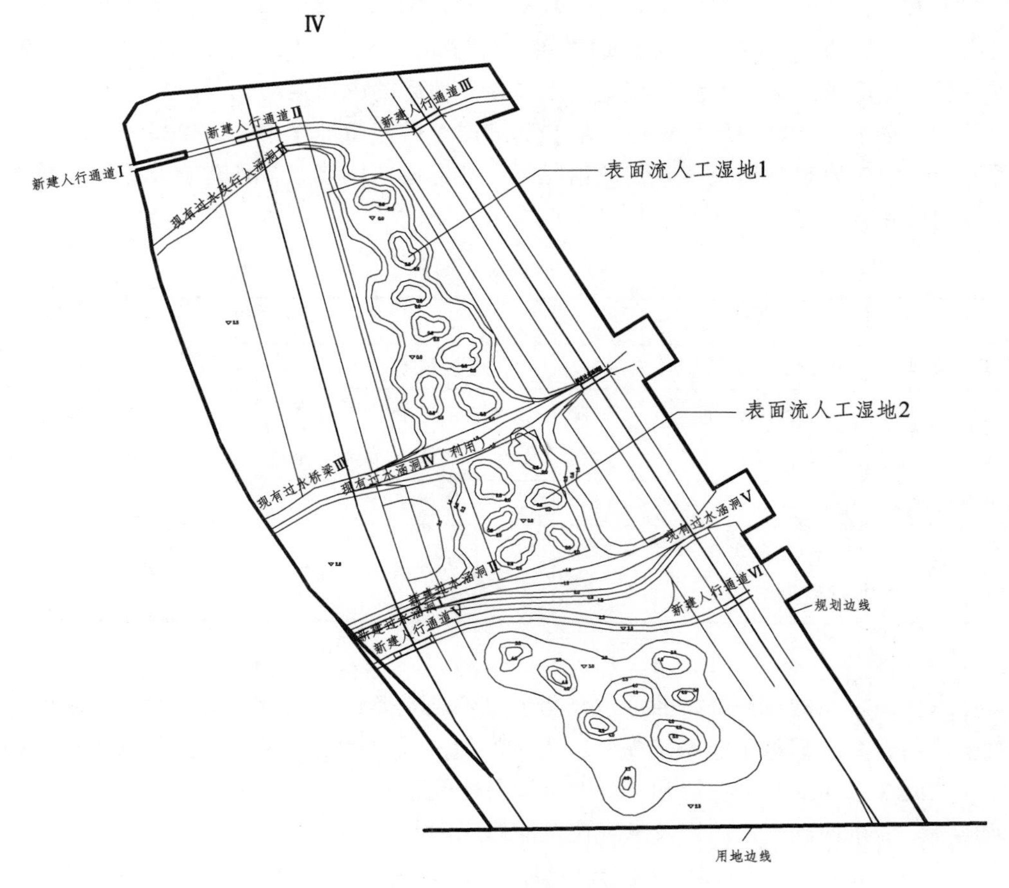

图 3-34 湿地区平面布置

其中，湿地 1 为梯形结构，上底、下底、高分别为 56 m、104 m 和 206 m；湿地 2 为近似矩形结构，长、宽分别为 93 m 和 68 m。考虑地形和维护等因素，在具体施工环节中可分别将湿地 1 和湿地 2 分成两个或以上并行处理单元，以便间歇运行和维护。

（2）湿地进出水设计。

考虑到处理系统的水量很大，在湿地周边开挖集水沟，水体经收集后进入湿地系统。进水装置是向人工湿地中输送污水，布水时应尽量均匀，进水方式采取多点布水形式。在湿地维护或闲置期，进水可关闭。

（3）填料的使用。

表面流人工湿地一般水深 0.3 ~ 0.5 m，本方案取 0.4 m；湿地区设计常水位为 0.8 m，故湿地床基质层厚度为 0.4 m。表面流湿地床由两层组成，表层土层厚 0.2 m，砾石层铺设厚度 0.2 m。人工湿地填料主要组成、厚度及粒径分布见图 3-35。

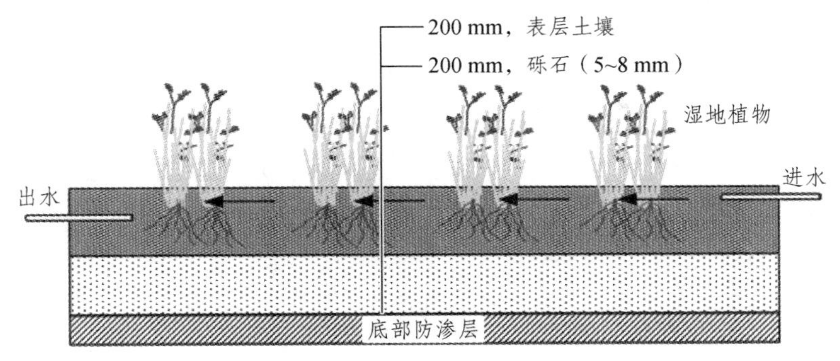

图 3-35　表面流人工湿地填料组成

（4）湿地中植物配置。

植物是表面流人工湿地净化水质的重要组分，是人工湿地系统得以正常运行的重要因素之一。选择种植何种湿地植物也是人工湿地处理系统设计成败的关键。一般人工湿地系统对植物有以下要求：A. 有发达的根系；B. 有较大的生物量或茎叶密度；C. 有较大的表面积为微生物提供栖息场所；D. 有较强的输送氧的能力。一般宜选用具有一定经济价值和景观效果的本土植物。种植方式视湿地和植物实际情况采用穴植、沟植、面植等方法，种植密度一般为每平方米 5 ~ 10 株。

① 根茎、球茎及种子植物。

这类植物包括睡莲、马蹄莲、慈姑、荸荠、泽泻、菱角、薏米、芡实等。它们或具有发达的地下根茎，或能产生大量的种子果实，多为季节性休眠植物类型，一般为冬季枯萎春季萌发，生长季节主要集中在 4 ~ 9 月。这类植物具有以下特点：A. 耐淤能力强，适宜生长在淤土层深厚肥沃的地方；B. 适宜生长环境的水深一般为 0.4 ~ 1.0 m；C. 具有发达的地下块根或块茎，其根茎的形成对磷元素的需求较多，因此对磷的吸收量较大；D. 属于种子果实类植物类型，其种子和果实的形成需要大量的磷元素。

② 挺水草本植物。

这类植物包括芦苇、茭白、香蒲、旱草竹、皇竹草、水葱、水莎草、再力花、美人蕉、千屈菜等，为人工湿地系统主要的植物选配品种。这类植物适应能力强，根系发达；生长量大，对氮和磷的吸收量都很大。其中：A. 皇竹草、芦竹、旱伞竹、薏米、纸莎草等属于深根丛生型植物，其根系的分布深度一般在 30 cm 以上，分布较深而分布面积不广，植株的地上部分丛生。由于这类植物的根系入土较深，根系接触面广，配置于潜流式人工湿地中能显示出更好的处理效果。B. 香蒲、菖蒲、水葱、水莎草等，属于深根散生型植物，其根系一般分布在 20 ~ 30 cm 之间，植株分散。这类植物的根系较深，适宜配置于潜流式人工湿地中。C. 美人蕉、芦苇、千屈菜、荸荠、慈姑、再力花等属于浅根散生型植物，其根系分布一般在 5 ~ 20 cm 之间。由于这些植物根系分布较浅，且一般原生于土壤环境，因此适宜配置于表面流式人工湿地中。D. 灯心草、野芋等属于浅根丛生型植物，根系分布较浅，一般适宜配置于表面流人工湿地系统中。

本方案中湿地为表面流人工湿地系统，因此宜选择后两种植物类型，即浅根散生型植物（美人蕉、芦苇、千屈菜、荸荠、慈姑、再力花）和浅根丛生型植物（灯心草、野芋）等都为本方案中的适宜挺水植物品种。

湿地区水生植物配置为美人蕉 20%、芦苇 20%、千屈菜 20%、再力花 20%、野芋 10%、灯心草 10%。在具体布设中综合考虑水质净化作用和景观作用的双重功能，合理配置栽种上述根茎植物和挺水植物，最大程度发挥人工湿地系统中植物的水质净化作用。

二、生态护岸

传统的河道、湖泊护岸结构往往只片面地强调河道、湖泊的防洪、引水、排涝、蓄水等功能，较少地考虑河道的生态或环境功能，因此护岸多采用浆砌块石或混凝土等刚性硬质材料，使河道、湖泊的环境条件模式化，并使生物种类单一化，由此带来一系列的环境问题。本方案所采用的生态护岸有别于现行的生态护岸，本方案的生态护岸除有常规生态护岸的功能，还同时具有恢复河岸带植被及原有自然洪泛平原和湿地景观，充分发挥河岸植被的缓冲带功能、修复近岸水质的功能。生态护岸技术主要有发达根系固土植物、土工材料复合种植基护坡、植被型生态混凝土等。

常规护岸工程技术主要考虑河道行洪速度、河道冲刷、岸坡稳定等，环境因素考虑较少，主要有抛石、浆砌或干砌石块，预制混凝土块体、现浇混凝土、浇注沥青以及土工模袋等形式。这些形式的护岸工程造价都相对较高，且不能满足生态和景观要求。

1. 生态护岸的特点

（1）修复水域生态系统。以再生多种生物为目的的生态护岸技术从整个水陆交错带的生态结构入手，充分应用生态方案学的基本原理，力求修复受到破坏的水域生态系统。生态护岸的坡面大都种植护岸植物，经过精心挑选的植物既能直接从水中吸收污染物质，其舒展而庞大的根系还能为微生物提供附着载体，有利于水质净化，同时也是水生动物、鸟类、昆虫等觅食、繁衍、嬉戏的场所。

（2）增加湖泊景观效果。与城市文化背景融为一体的坡岸景观设计，可以成为城市一道亮丽的风景线，使白云湖成为良好的休闲娱乐场所。如图 3-36 所示为白云湖生态护岸效果图。

图 3-36　生态护岸效果图

2. 引水渠生态护岸

根据《广州市北部水系建设引水干渠工程设计报告》，引水渠道长 4.7 km，引水渠生态护岸的设计以“亲水”和“生态”为原则，结合水流特点，将引水渠横断面设计为复式断面，设置两级或多级平台；在解决渠道防渗的基础上，采用生态型缓坡护岸，坡度节奏变化，护岸采用土石等天然材料或生态型材料，并与植物护坡相结合，为水生小动物提供栖息、繁衍场所。在水陆交接处保留或营造岸边浅水湿地，其间种植芦苇、菖蒲等高等水生植物和水柳等根系较为发达的树种等植物，在堤岸底部适当种植沉水植物，以达到净化水质和改善滨水生态环境的作用，并在沿岸营造生态防护绿带。

引水干渠水际植物应根据水位的变化及水深情况，选择乡土植物，形成水生-湿生-中生植物群落。随着水际植物群落的形成，使很多野生动物和昆虫也得以栖居、繁衍。随着水际植物的不断丰富和成熟，生物多样性将不断提高，生态效果将更为显著。引水干渠水生植物选择菖蒲、野芋、千屈菜、风车草、芦苇、美人蕉、睡莲、荷花等，这些植物既有较强的耐污能力，能够吸收水体中的部分污染物质和氮、磷等营养元素，又有一定的景观绿化作用。

3. 人工湖生态护岸

人工湖生态护岸设计原则：① 采取自然形态的水岸处理，除了人群集中的地方，尽量避免硬质材料结构砌筑的护岸，布置建筑物时考虑人们的亲水设计；② 护岸的设计充分考虑污染物拦截功能，减少入湖的面源污染；③ 进行水文分析，确定水位变化范围，结合植物调查结果，选择合适的植物；④ 应设置多孔性构造，为生物提供生存繁衍的栖息场所；⑤ 尽量采用自然环保材料，避免二次环境污染；⑥ 护岸设计兼顾防洪、生态以及景观三重功能。在进行城市湖泊岸堤的生态恢复时，需要根据不同情况采取不同的技术。对于兼具水利补水功能和景观功能的白云湖，应采取多种人工自然型驳岸，首先用植被型生态混凝土等生态材料护坡，然后在岸边种植耐涝耐污且具有较好景观效果的植物。

白云湖岸线由环湖岸线和岛屿岸线组成，其中环湖岸线总长 8 668 m，岛屿岸线总长 6 220 m。白云湖设计水位为 0.80 m，设计高水位 1.0 m，设计低水位-0.20 m，湖岸堤顶高程 2.50 m，设 4.0 m 宽人行交通道路。湖底高程为-1.50 m，湖底分浅水区和深水区设计。白云湖岸坡建设以构建湖滨带健康良性生态系统为目的，采取自然形态的湖岸处理方式。根据白云湖规划设计报告，将白云湖岸线规划为植被生态型岸线、亲水休闲型岸线和高硬质型岸线等多种类型，湖岸断面设计分为四种结构形式。其中以植被生态型岸线为主，约占 78%；亲水休闲型岸线主要分布在白云湖的核心景观节点和东湖的东北区域，约占 20%；还有少量的高硬质岸线，主要分布在码头岸线处，约占 2%；岛屿岸线基本按植被生态型岸线设计，几个大型的岛屿上各设一个码头。

（1）湖岸断面设计。

在白云湖的工程设计中，堤岸已经按照生态护岸的形式设计。根据《广州市北部水系西航道引水首期工程白云湖初步设计报告》，湖岸断面设计主要分四种结构形式：

① 断面形式一：该方案用于景观规划的轻植被软质水岸和含湿地植被软质水岸，主要是应用于湖堤岸坡和两铁路之间的湿地区域。湖堤顶设 4.0 m 宽度的环湖自行车道，顶高程为 2.50 m，以下迎水面侧设缓坡种植护坡地被，并采用 1∶6 缓坡由岸至浅水区过渡至 10.0 m 宽的过渡平台，过渡平台高程 0.20 m。由过渡平台采用缓坡连接至深水区，深水区底高程为-1.50 m。背水坡按 1∶5 放坡，坡脚线为征地红线，坡脚处布置一条砖砌排水沟。该方案的生态性较好，浅水至深水逐渐过渡，提高工程安全性，如图 3-37 所示。

② 断面形式二：该方案用于景观规划的轻植被软质水岸和含湿地重植被软质水岸，主要应用于人工岛屿护岸及部分湖堤岸坡的区域。岛顶高程为 2.50 m，岛边坡采用自然缓坡形式，坡度可自然变化。岸边护脚采用稍径不小于 80 mm、长度 4.0 m、间距 200 mm 的松木桩，桩间采用木板隔挡。松木桩以下依次为宽 2.0 m 平台、1∶6 缓坡过渡、-1.50 m 的深水区。该方案采用木桩和自然缓坡结合使岛屿更加生态和富于变化，如图 3-38 所示。

③ 断面形式三：该方案用于景观规划的高硬质水岸和木料铺地硬质水岸，主要适用于小型游艇码头区域。湖堤顶设 2.50 m 高程的环湖自行车路，2.50 m 高程以下采用 1∶3 ~ 1∶6 的缓坡，缓坡下接高度 2.50 m 的 M7.5 浆砌石挡墙连接。挡墙以下依次为-0.70 m 浅水区、过渡缓坡、-1.50 m 深水区。M7.5 浆砌石挡墙顶高程为 0.80 m，基础采用稍径不小于 80 mm、长度为 4.0 m 的松木桩，桩间距采用 0.5 m×0.5 m 梅花形布置。该方案方便水上游乐设施的停靠，并体现护岸景观的变化，如图 3-39 所示。

④ 断面形式四：该方案用于景观规划的亲水型水岸，主要适用于亲水广场区域。湖堤顶与缓坡采用与方案三相同的布置形式。缓坡在 1.20 m 高程处采用混凝土台阶与高度为 1.80 m 的 M7.5 浆砌石挡墙连接，挡墙以下的布置形式与方案三相同。浆砌石挡墙顶高程为 0.0 m，基础处理同方案三。该方案使用低挡墙+入水台阶使码头更加亲水，满足人们岸边戏水需要，如图 3-40 所示。

在生态护岸设计中，除考虑传统的技术要求外，还要兼顾生物栖息地的加强和改善等要求，因此要引入一些新的结构形式，以利于植被的生长发育，如石笼、间插植被的堆石、空心混凝土块、生态砖、鱼巢砖等。如这些结构直接作用于土坡上，在水流和波浪的冲刷作用下，下垫土层在植被完全发育之前将会受到严重的侵蚀，从而使防护结构失稳，影响栖息地结构的相对稳定性，不利于生态系统的修复。

在土工合成材料作为反滤层的生态护岸工程中，除了对土工合成材料的保土性、透水性、防淤堵性及强度有所要求外，对土工合成材料的可栽种性也有要求。可栽种性指的是相对植物向上生长的可长穿性或植物向下扎根的可植根性。从可栽种性的角度出发，大孔径或大网眼的土工材料比较适宜。在生态护岸工程中最好使用可被生物分解的土工合成材料层，其分解后可促进腐殖质的形成，如黄麻、椰壳纤维、木棉、稻草、亚麻等天然纤维制成的材料。

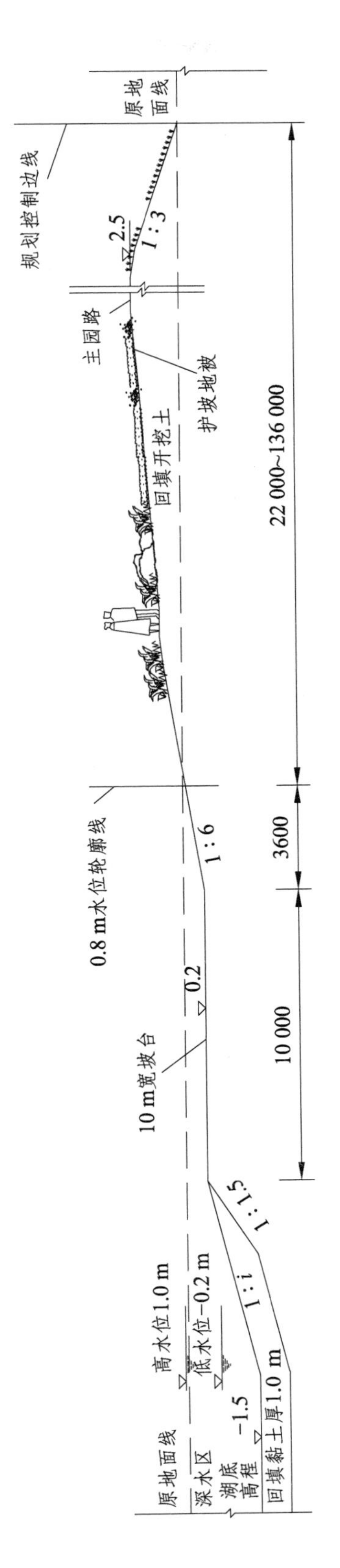

图 3-37　白云湖湖岸标准断面图（一）

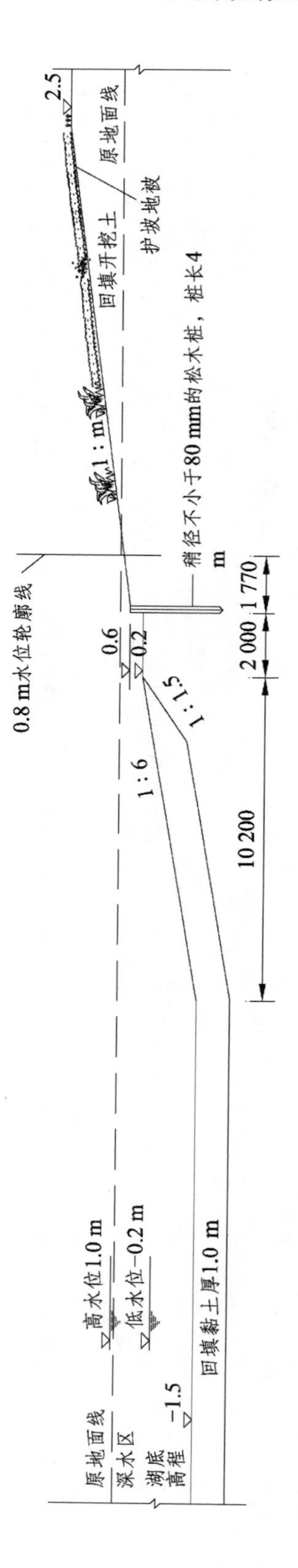

图 3-38　白云湖湖岸标准断面图（二）

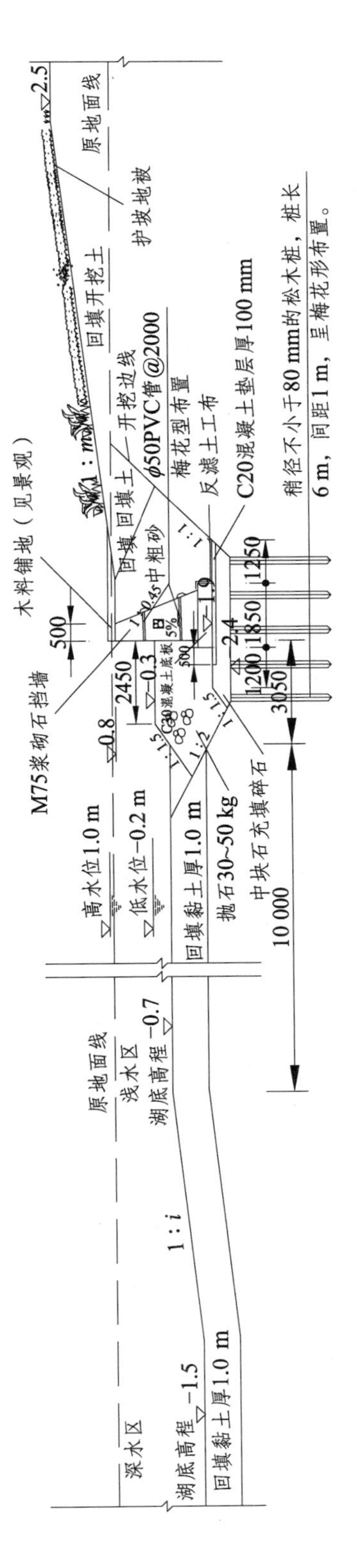

图 3-39　白云湖湖岸标准断面图（三）

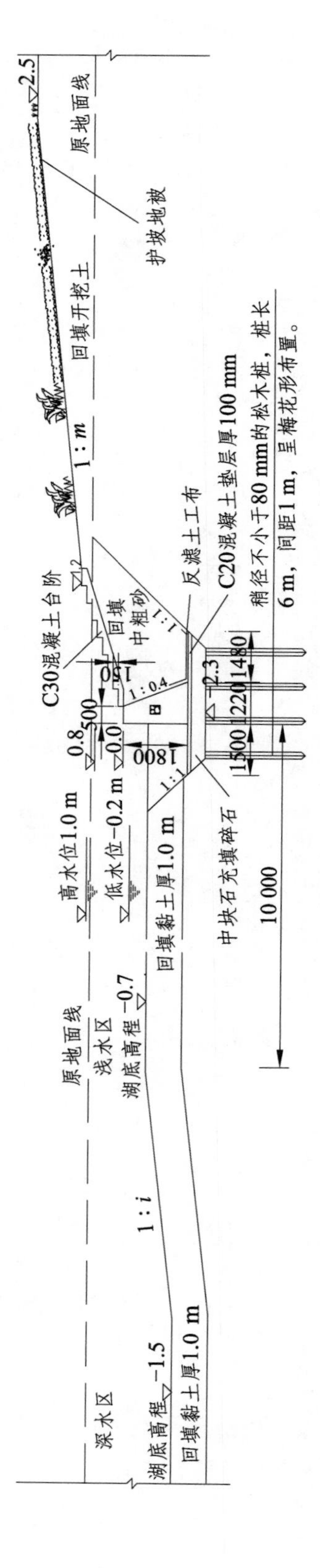

图 3-40　白云湖湖岸标准断面图（四）

（2）生态护岸技术。

① 植被生态型护岸。

在生态护岸工程中，主要措施之一是在湖岸岸坡上合理引入植被，包括草本植物和木本植物等。利用植被加固坡岸，是稳定边坡、控制侵蚀和修复生境的重要工程手段。植被的作用主要体现在植物根系对坡岸的稳定作用、对湖泊坡岸栖息地的改善、减少底栖动物对坡岸的破坏、降低坡岸造价等方面。

白云湖护岸设计充分体现自然景观和生态功能，以平缓的植被护岸形式为主。在湖滨带的浅水区和岸坡分层次选择适当的挺水植物、亲水植物以及具有一定耐污能力的水生植物，一方面可以利用植物自身的生物净化功能起到一定的净化水质作用，另外也可增加湖滨带景观效果。

植被生态型岸线包括轻植被软质驳岸和湿地重植被软质驳岸。湖岸构建基质采用植被型生态混凝土，植被型生态混凝土主要由多孔混凝土、保水材料、难溶性肥料和表层土组成。保水材料常用无机人工土壤、吸水性高分子材料、苔泥炭及其混合物；表层土铺设多孔混凝土表面，形成植被发芽空间，同时提供植被发芽初期的养分。

② 自然石护岸。

选用天然山石和卵石，不经人为加工，石块与石块之间的缝隙用碎石和土填充，山石和卵石缝隙栽植植物。山石和卵石的缝隙为水生动物提供了栖息场所，凸现生态感；并且山石、卵石和栽植的植物具有净化水质作用。

在对湖岸进行处理时，由内及外布设粒径逐渐放大的天然石块护岸介质。临湖面由粗颗粒组成，孔隙率低，但孔径大；内侧由细颗粒组成，孔隙率高，但孔径小。一方面，这种结构能够有效保护堤岸，减轻湖岸冲刷，防止水土流失；另一方面，这种结构为水生生态系统的发育创造了条件，既便于低级生物的繁殖，也为高级水生生物提供了生存空间。在低水护岸上不利用施工开挖的土壤，提供草本植物生长的条件，如图 3-41 所示。

图 3-41　自然石护岸

③ 多孔质护岸。

多孔质护岸形式主要有用混凝土预制件构成的各种带有孔状的适合动植物生存的护岸结构。多孔质护岸大多是预制构件，施工方便，既为动植物生长提供了有利条件，又抗冲刷。多孔质护岸形式兼顾生态景观功能和水工结构要求，对湖岸起着保护作用，防止泥土流失，而且种植的植物对水质污染有一定的天然净化作用。多孔结构符合生态设计原理，利于植物生长和小生物繁殖。将混凝土构件做成空心结构的预制件，空心部分种植具有高效吸收污染物能力的植物，在美化景观的同时净化水质；且空心结构为水生小动物提供生长、栖息空间，如图 3-42 所示。

图 3-42 多孔质护岸

多种生态护岸形式结合使用，构建湖滨带景观多样性，减少入湖的面源污染，加强护岸对水质的净化作用，丰富湖滨带生态系统结构。

4. 工程投资概算（见表 3-52）。

表 3-52 工程投资概算

项目	单价	计量	总价 / 元
人工湿地		22 869 m^2	4 120 000
生态护岸		18 800 m	11 200 000
合计			15 320 000
采购保管费（7%）			1 072 400
安装费（10%）			1 532 000
建设单位管理费（1.5%）			229 800
预算编制费（0.3%）			45 960
建设监理费（3.3%）			505 560
方案设计费（4%）			612 800
工程保险费（0.5%）			76 600
竣工图编制费（0.8%）			122 560
税费（6.6%）			1 011 120
利润（4%）			612 800
总经费			21 141 600

白云湖水质改善项目的人工湿地和生态护岸工程部分共需经费 2 114.16 万元，其中人工湿地工程需经费 412 万元，生态护岸工程需经费 1 120 万元。

第四章 水污染控制工程实训

第一节 实训目的及任务

通过水污染控制工程实训，学生应能熟悉大型水污染控制工程的运行管理方法，提高从事水污染控制工程的综合素质。本实训项目能充分调动学生下厂参加生产实践活动的能动性，使学生把学过的理论知识与工厂实践有机结合起来，巩固和丰富有关环境工程专业理论知识，综合培养和训练学生的公关能力、观察分析和解决生产中实际问题的独立工作能力及生产经营管理的能力，锻炼和培养学生良好的品德和严守纪律的作风。同时让学生针对实际工艺存在的问题提出优化方案，培养创新创业意识，提高发现、分析、进而解决实际问题的能力，提高整体教育教学水平与质量。

第二节 实训教学基本要求

要求大家做到高标准、严要求。各位同学对实训要高度重视，同组同学要分工协作，积极配合，和睦相处，要争当主角，不当配角。对实训中涉及的与专项相关的问题要做到知其然知其所以然，达到每人都能独立胜任实训任务的目的，为后一步进行课程设计奠定基础。

第三节 实训安全要求

实训过程中，尤其是在资料收集过程中，大家一定要注意人身及财产安全。

乘车出发前及返校时各组组长要及时清点本组人数并上报班长和学习委员，班长和学习委员将总人数报实训指导教师。收集资料过程中若遇到问题，各组组长随时与指导教师取得联系，做到发现问题及时解决。

实训期间不得穿裙子、短裤、凉鞋或拖鞋，不得披头散发。实训过程中必须严格遵守企业管理要求，不得私自行动。

第四节 实训项目

实训一 自来水处理工艺优化实训

一、实训目的

通过参观实习，学生应掌握自来水厂的取水水源及工艺流程及各处理设施，了解自来水厂运营管理方法；掌握自来水处理处置中的主要水质参数要求、水质净化要求；了解自来水处理过程中存在的问题，并能通过调查研究给出解决措施。

二、实训内容

（一）实训地点

西昌市第三自来水厂。

（二）实训内容

（1）取水水源及水源水质、水量、供水服务范围。
（2）处理工艺流程。
（3）各处理流程的处理原理、主要功能、去除效率。
（4）自来水厂工艺管理方法。
（5）自来水厂出水水质质量控制方法。
（6）自来水厂目前存在的主要技术难题。

（三）实训分组

适合于 2 ~ 3 个同学一组完成；实训过程中充分进行讨论。

三、实训要求

（一）实训过程

（1）严格按照实训教学基本要求、安全要求，实训企业特别提醒的注意事项也须严格遵守。

（2）首先阅读本书第三章第一节《自来水净化工程案例》相关内容，也可通过网络查询更多相关案例，做好实训准备。

（二）实训报告

（1）每位同学提交一份实训报告。
（2）实训报告的内容包括：
① 实训基本情况（实训时间、地点、实训指导教师和实训单位等）。
② 实训主要内容及成果。
③ 实训收获和体会（包括对今后实训的建议以及本次实训存在的问题和改进建议）。
（3）实训报告的要求：
① 按照实训报告模板（正文宋体小四、1.3 倍行距）书写。
② 要求图文并茂。
③ 提交电子版。

四、成绩评定

实训结束后，由实训指导教师根据学生在实训中的表现，以及学生提交的实训结果报告和技术报告、书面实训总结报告等方面，综合评定出学生的教学实训成绩。成绩档次依次为优、良、中、及格、不及格。

实训二　生活污水处理工艺优化实训

一、实训目的

通过参观实习，学生应掌握生活污水处理厂主要生产工艺、工艺产污情况（重点关注污水的产生来源、产生量）、污水的主要处理工艺技术方法和处理效率、污水排放去向，了解生活污水处理过程中存在的问题，并能通过调查研究给出解决措施。

二、实训内容

（一）实训地点

邛海污水处理厂。

（二）实训内容

（1）进水水质、水量。
（2）污染物的处理工艺和处理效率。
（3）污水排放去向。
（4）环境管理方法。

（5）污水处理中的主要技术难题。

（三）实训分组

适合于 2 ~ 3 个同学一组完成；实训过程中充分进行讨论。

三、实训要求

（一）实训过程

（1）严格按照实训教学基本要求、安全要求，实训企业特别提醒的注意事项也须严格遵守。

（2）首先阅读本书第三章第二节《生活污水污染控制工程案例》相关内容，也可通过网络查询更多相关案例，做好实训准备。

（二）实训报告

（1）每位同学提交一份实训报告。

（2）实训报告的内容包括：

① 实训基本情况（实训时间、地点、实训指导教师和实训单位等）。

② 实训主要内容及成果。

③ 实训收获和体会（包括对今后实训的建议以及本次实训存在的问题和改进建议）。

（3）实训报告的要求：

① 按照实训报告模板（正文宋体小四、1.3 倍行距）书写。

② 要求图文并茂。

③ 提交电子版。

四、成绩评定

实训结束后，由实训指导教师根据学生在实训中的表现，以及学生提交的实训结果报告和技术报告、书面实训总结报告等方面，综合评定出学生的教学实训成绩。成绩档次依次为优、良、中、及格、不及格。

实训三　采矿废水处理工艺优化实训

一、实训目的

通过参观实习，学生应掌握露天采矿企业的主要生产工艺、企业工艺产污情况（重点关注废水的产生来源、产生量）、废水的主要处理工艺技术方法和处理效率、废水排放去向，了解采矿废水处理过程中存在的问题，并能通过调查研究给出解决措施。

二、实训内容

（一）实训地点

重庆钢铁西昌分公司（太和）。

（二）实训内容

（1）企业主要生产工艺、产污情况分析（主要是废水）。
（2）污染物的处理工艺和处理效率（主要是废水）。
（3）废水排放去向。
（4）企业环境管理方法。
（5）废水处理中的主要技术难题。

（三）实训分组

适合于 2～3 个同学一组完成；实训过程中充分进行讨论。

三、实训要求

（一）实训过程

（1）严格按照实训教学基本要求、安全要求，实训企业特别提醒的注意事项也须严格遵守。

（2）首先阅读本书第三章第三节《采矿废水污染控制工程案例》相关内容，也可通过网络查询更多相关案例，做好实训准备。

（二）实训报告

（1）每位同学提交一份实训报告。
（2）实训报告的内容包括：
① 实训基本情况（实训时间、地点、实训指导教师和实训单位等）。
② 实训主要内容及成果。
③ 实训收获和体会（包括对今后实训的建议以及本次实训存在的问题和改进建议）。
（3）实训报告的要求：
① 按照实训报告模板（正文宋体小四、1.3 倍行距）书写。
② 要求图文并茂。
③ 提交电子版。

四、成绩评定

实训结束后，由实训指导教师根据学生在实训中的表现，以及学生提交的实训结果报告和技术报告、书面实训总结报告等方面，综合评定出学生的教学实训成绩。成绩档次依次为优、良、中、及格、不及格。

实训四　冶炼废水处理工艺优化实训

一、实训目的

通过参观实习，学生应掌握冶炼企业的主要生产工艺、企业工艺产污情况（重点关注废水、废气的产生来源、产生量）、废水和废气的主要处理工艺技术方法和处理效率、废水和废气排放去向，了解冶炼废水和废气处理过程中存在的问题，并能通过调查研究给出解决措施。

二、实训内容

（一）实训地点

攀钢集团西昌钢钒有限公司。

（二）实训内容

（1）企业主要生产工艺、产污情况分析（主要是废水、废气）。
（2）污染物的处理工艺和处理效率（主要是废水、废气）。
（3）废水、废气排放去向。
（4）企业环境管理方法。
（5）废水处理中的主要技术难题。

（三）实训分组

适合于 2 ~ 3 个同学一组完成；实训过程中充分进行讨论。

三、实训要求

（一）实训过程

（1）严格按照实训教学基本要求、安全要求，实训企业特别提醒的注意事项也须严格遵守。

（2）首先阅读本书第三章第四节《冶炼废水污染控制工程案例》相关内容，也可通过网络查询更多相关案例，做好实训准备。

（二）实训报告

（1）每位同学提交一份实训报告。
（2）实训报告的内容包括：
① 实训基本情况（实训时间、地点、实训指导教师和实训单位等）。

② 实训主要内容及成果。

③ 实训收获和体会（包括对今后实训的建议以及本次实训存在的问题和改进建议）。

（3）实训报告的要求：

① 按照实训报告模板（正文宋体小四、1.3 倍行距）书写。

② 要求图文并茂。

③ 提交电子版。

四、成绩评定

实训结束后，由实训指导教师根据学生在实训中的表现，以及学生提交的实训结果报告和技术报告、书面实训总结报告等方面，综合评定出学生的教学实训成绩。成绩档次依次为优、良、中、及格、不及格。

实训五　食品加工废水处理工艺优化实训

一、实训目的

通过参观实习，学生应掌握啤酒企业的主要生产工艺、企业工艺产污情况（重点关注废水、废气的产生来源、产生量）、废水和废气的主要处理工艺技术方法和处理效率、废水和废气排放去向，了解啤酒生产废水和废气处理过程中存在的问题，并能通过调查研究给出解决措施。

二、实训内容

（一）实训地点

华润雪花啤酒（西昌）公司。

（二）实训内容

（1）企业主要生产工艺、产污情况分析（主要是废水、废气）。

（2）污染物的处理工艺和处理效率（主要是废水、废气）。

（3）废水、废气排放去向。

（4）企业环境管理方法。

（5）废水处理中的主要技术难题。

（三）实训分组

适合于 2 ~ 3 个同学一组完成；实训过程中充分进行讨论。

三、实训要求

（一）实训过程

（1）严格按照实训教学基本要求、安全要求，实训企业特别提醒的注意事项也须严格遵守。

（2）首先阅读本书第三章第五节《食品加工废水污染控制工程案例》相关内容，也可通过网络查询更多相关案例，做好实训准备。

（二）实训报告

（1）每位同学提交一份实训报告。

（2）实训报告的内容包括：

① 实训基本情况（实训时间、地点、实训指导教师和实训单位等）。

② 实训主要内容及成果。

③ 实训收获和体会（包括对今后实训的建议以及本次实训存在的问题和改进建议）。

（3）实训报告的要求：

① 按照实训报告模板（正文宋体小四、1.3 倍行距）书写。

② 要求图文并茂。

③ 提交电子版。

四、成绩评定

实训结束后，由实训指导教师根据学生在实训中的表现，以及学生提交的实训结果报告和技术报告、书面实训总结报告等方面，综合评定出学生的教学实训成绩。成绩档次依次为优、良、中、及格、不及格。

实训六　人工湿地工艺优化实训

一、实训目的

通过参观实习，学生应了解邛海湿地中部分人工湿地工艺流程，各工艺单元的污水处理原理、现状及水质净化效果，存在的问题及运营维护优化方案。

二、实训内容

（一）实训地点

邛海湿地。

（二）实训内容

（1）人工湿地工艺流程。
（2）各工艺单元的污水处理原理。
（3）人工湿地现状及水质净化效果。
（4）存在的问题及运营维护优化方案。

（三）实训分组

适合于 2 ~ 3 个同学一组完成；实训过程中充分进行讨论。

三、实训要求

（一）实训过程

（1）严格按照实训教学基本要求、安全要求，实训企业特别提醒的注意事项也须严格遵守。

（2）首先阅读本书第三章第六节《人工湿地案例》相关内容，也可通过网络查询更多相关案例，做好实训准备。

（二）实训报告

（1）每位同学提交一份实训报告。
（2）实训报告的内容包括：
① 实训基本情况（实训时间、地点、实训指导教师和实训单位等）。
② 实训主要内容及成果。
③ 实训收获和体会（包括对今后实训的建议以及本次实训存在的问题和改进建议）。
（3）实训报告的要求：
① 按照实训报告模板（正文宋体小四、1.3 倍行距）书写。
② 要求图文并茂。
③ 提交电子版。

四、成绩评定

实训结束后，由实训指导教师根据学生在实训中的表现，以及学生提交的实训结果报告和技术报告、书面实训总结报告等方面，综合评定出学生的教学实训成绩。成绩档次依次为优、良、中、及格、不及格。

第五章 水污染控制工程课程设计

第一节 污水处理厂工程设计基础

一、环境工程设计依据、任务及工作范围

（1）设计依据：国家《建设项目环境保护条例》中明确规定，对环境有影响的建设项目需要配套建设环境保护设施。环境保护设施与主体工程同时设计、同时施工、同时投产使用。

（2）设计任务：运用工程技术和有关基础科学的原理和方法，具体落实和实现环境保护设施的建设，以各种工程设计文件、图纸的形式表达设计人员的思维和设计思想，直到建设成功各种环境污染治理设施、设备，并保证其正常运行，满足环保要求，通过竣工验收。

（3）工作范围：工程不是单纯的技术问题，而是与社会经济密切联系，需要综合考虑技术、经济、市场、法律等多方面因素。环境工程设计则贯穿于整个建设项目的全过程。在项目建设的前期阶段（项目批准立项、可行性研究、环境影响评价、编制设计任务书）、工程设计施工阶段和工程后期（处理设备试运行、测试、工程总结）都必须由环境工程设计人员参与工作。

二、环境工程设计的主要程序

环境保护工程是建设项目中的一个重要组成部分。环境保护工程具有独立的设计文件，可独立组织施工，是建成竣工后可以独立发挥生产能力和工程效益的单项工程。环境工程设计必须按国家规定的设计程序进行，并落实和执行环境工程设计的原则和要求。工程项目应包括项目建议书、可行性研究、工程设计、项目竣工验收等阶段。环保设施的工程设计一般分为初步设计和施工图设计两个阶段。

三、环境工程设计的原则

1. 工程设计的一般原则

工程设计应遵循技术先进、安全可靠、质量第一、经济合理的原则。

（1）设计中要认真贯彻国家的经济建设方针、政策（如产业政策、技术政策、能源政策、环保政策等）。正确处理各产业之间、长期与近期之间、生产与生活之间等各方面的关系。

（2）应充分考虑资源的充分利用。要根据技术上的可能性和经济上的合理性，对能源、水资源、土地等资源进行综合利用。

（3）选用的技术要先进适用。在设计中要尽量采用先进的、成熟的、适用的技术，要符合我国国情，同时要积极吸收和引进国外先进技术和经验，但要符合国内的管理水平和消化能力。采用新技术要经过试验而且要有正式的技术鉴定。必须引进国外新技术及进口国外设备的，要与我国技术标准、原材料供应、生产协作配套、零件维修的供给条件相协调。

（4）工程设计要坚持安全可靠、质量第一的原则。安全可靠是指项目投产后，能长期安全正常生产。

（5）坚持经济合理的原则。在我国资源和财力条件下，使项目建设达到项目投资的目标（产品方案、生产规模），取得投资省、工期短、技术经济指标最佳的效果。

2. 环境工程设计的原则

对环境保护设施进行工程设计时，除了要遵循工程设计的一般原则外，还必须遵循以下一些环境工程设计的原则。

（1）环境保护设计必须遵循国家有关环境保护法律、法规，合理开发和充分利用各种自然资源，严格控制环境污染，保护和改善生态环境。

（2）建设项目要配套建设的环境保护设施，必须与主体工程同时设计、同时施工、同时投产使用。

（3）环境保护设计必须遵守污染物排放的国家标准和地方标准；在实施重点污染物排放总量控制的区域，还必须符合重点污染物排放总量控制的要求。

（4）环境保护设计应当在工业建设项目中采用能耗物耗少、污染物产生量少的清洁生产工艺，实现工业污染防治从末端治理向生产全过程控制的转变。

第二节　课程设计目的及任务

本课程是配合“环境工程学”“水处理工程”课程的重要的实践教学课程，是环境工程、环境科学专业教学的重要组成部分，是环境工程专业本科生的主要专业课之一。

课程教学目标包括知识目标、能力目标和思政目标。课程知识目标：通过实践教学，培养学生运用工程科学的知识，研究和开发水环境领域污染控制的方法，为社会发展和生态保护提供符合要求的水质；使学生掌握常见构筑物的初步设计法律法规、技术规范、计算设计方法，掌握平面图、高程图、主要单体构筑物的初步绘制方法，掌握设计说明书的编写规范。课程能力目标：让学生具有认识、分析和解决环境保护实际问题的技能；具有在水处理工程相关设计、运营维护、管理方面行业的创新和实践技能。课程思政目标：使学生具有适应水污染控制工程相关设计、运营维护、管理方面的心理素质以及良好的爱岗敬业精神和职业道德，培养学生的团结协作精神。

第三节 课程设计基本要求

要求学生分小组根据所选的设计题目中所提供的设计资料和设计要求确定污水处理程序，由原始资料确定污水处理站规模；确定污水处理工艺流程及处理构筑物（或设备）的类型和数量；进行处理构筑物及设备的工艺设计计算；进行污水厂各构筑物、建筑物及各种管渠等总体布置设计；完成绘图、设计图纸（包括污水厂平面布置图、工艺流程图、高程布置图、构筑物的工艺构造图）；撰写设计说明书。同时在设计过程中，要求学生应养成独立思考、独立工作能力以及严肃认真的工作作风。

由于课程设计时间较短，说明书中除设计水量、水质外，主要介绍设计计算的整个过程，仅需要对污水处理的主要工艺单元进行设计，计算主体尺寸即可。设计计算过程可以要求学生通过 Excel 等工具建立完整设计计算过程，以便于指导教师审核学生计算过程是否准确，并且有利于学生深入理解设计计算的原理。

课程设计成绩考核可以依据学生实训出勤、实训表现，污水设计流程选择是否合理，污水处理构筑物选型是否合理，构筑物数目、尺寸选择是否合理，工艺计算是否准确，污水处理构筑物、管道平面布置、高程布置是否合理，绘图是否精确，设计说明书编写是否条理清晰、格式是否合规等方面来进行评判。学生应做到：方案选择应论据充分，具有说服力，尽量用数据论证；设计参数选择有根据，合理，全面；计算所选用的公式依据充分，有参数说明，计算结果必须准确；说明书中必须列有处理构筑物、设备一览表，包括名称、形式、主要尺寸、数量、参数；图纸应正确表达设计意图，符合设计、制图规范，线条清晰、主次分明、粗细适当、数据标绘完整，并附有一定文字说明。

第四节 课程设计步骤及参考资料

一、课程设计的一般步骤

（1）明确设计任务及基础资料，复习有关污水处理的知识和设计计算方法。

（2）方案比较与选择，分析污水处理工艺流程和污水处理构筑物的选型。

（3）确定各处理构筑物的流量。

（4）初步计算各处理构筑物的占地面积，并由此规划污水处理厂的平面布置和高程布置，以便考虑构筑物的形状、安设位置、相互关系及主要尺寸。

（5）进行各处理构筑物的设计计算。

（6）确定辅助构（建）筑物、附属建筑物数量及面积。

（7）进行污水处理厂的平面布置和高程布置。

（8）设计图纸绘制。

（9）设计计算说明书校核整理。

二、课程设计的主要参考资料

（1）高廷耀，顾国维，周琪. 水污染控制工程（上、下册）[M]. 4 版. 北京：高等教育出版社，2015.

（2）张莉，杨嘉谟. 环境工程专业课程设计指导教程与案例精选[M]. 北京：化学工业出版社，2012 年.

（3）《给水排水制图标准》（GB / T 50106—2001）. 中华人民共和国国家标准.

（4）《建筑给水排水设计规范》（GB 50015—2019）. 中华人民共和国国家标准.

（5）《室外排水设计规范》（GB 50014—2006）（2014 年版）. 中华人民共和国国家标准.

其他各类污水处理工艺设计常用规范见附录 D。设计时应采用当年最新规范、标准，相关标准可通过中华人民共和国生态环境部、住房与城乡建设部、卫健委等官方网站查询。

第五节　课程设计任务

课程设计任务一　生活污水污染控制工程课程设计

1. 设计任务基本资料 1

污水进水水量：未计算变化系数前 30×10^4 m^3/d。

污水进水水量：COD_{Cr} = 500 mg/L，BOD_5 = 250 mg/L，SS = 180 mg/L，NH_3-N = 25 mg/L，TP = 0.5 mg/L，pH = 6.0 ~ 8.0。

厂址及场地现状：污水厂地势平坦，自北向南逐渐升高，地面标高 30.00 m，地面坡度为 0.5%。城市在污水厂的西南方，地质条件良好，地下水位低于 6 m。

来水方位及来水管性质：正南方，管内底标高 27.00 m，管径 D = 1 000 mm，充满度 h/D = 6.5。

气象条件：污水厂所在地，地处内陆中纬度地带，属大陆性季风气候。年平均气温为 24 °C；夏季主导风为北风；历年平均降水量为 820 mm。

学生可选择以下两类出水接纳水体进行设计：（1）一般回用水要求进行设计；（2）出水排入地表水Ⅱ类功能水域。具体设计要求见本章第三节。

2. 设计任务基本资料 2

污水进水水量：未计算变化系数前 50×10^4 m^3/d。

污水进水水量：COD_{Cr} = 600 mg/L，BOD_5 = 350 mg/L，SS = 180 mg/L，NH_3-N = 5 mg/L，TP = 4 mg/L，pH = 6.0 ~ 8.0。

厂址及场地现状：污水厂地势平坦，自东向西逐渐升高，地面标高 50.00 m，地面坡度为 5%。城市在污水厂的东北方，地质条件良好，地下水位低于 6 m。

来水方位及来水管性质：正南方，管内底标高 46.00 m，管径 D = 1 000 mm，充满度 h/D = 6.5。

气象条件：污水厂所在地，地处内陆中纬度地带，属大陆性季风气候。年平均气温为 18 °C；夏季主导风为西风；历年平均降水量为 1 020 mm。

学生可选择以下两类出水接纳水体进行设计：（1）一般回用水要求进行设计；（2）出水排入地表水Ⅱ类功能水域。具体设计要求见本章第三节。

3. 设计任务基本资料 3

污水进水水量：未计算变化系数前 1×10^4 m^3/d。

污水进水水量：COD_{Cr} = 500 mg/L，BOD_5 = 300 mg/L，SS =330 mg/L，NH_3-N = 35 mg/L，TP = 3.5 mg/L，pH = 6.0 ~ 8.0。

厂址及场地现状：污水厂地势平坦，自南向北逐渐升高，地面标高 30.00 m，地面坡度为 0.5%。城市在污水厂的西南方，地质条件良好，地下水位低于 6 m。

来水方位及来水管性质：正南方，管内底标高 27.00 m，管径 D = 1 000 mm，充满度 h/D = 6.5。

气象条件：污水厂所在地，地处内陆中纬度地带，属大陆性季风气候。年平均气温为 18 °C；夏季主导风为西风；历年平均降水量为 820 mm。

学生可选择以下两类出水接纳水体进行设计：（1）一般回用水要求进行设计；（2）出水排入地表水Ⅱ类功能水域。具体设计要求见本章第三节。

4. 设计任务基本资料 4

污水进水水量：未计算变化系数前 1 000 m^3/d。

污水进水水量：COD_{Cr} = 600 mg/L，BOD_5 = 150 mg/L，SS = 330 mg/L，NH_3-N =35 mg/L，TP = 3.5 mg/L，pH = 6.0 ~ 8.0。

厂址及场地现状：污水厂地势平坦，自东向西逐渐升高，地面标高 30.00 m，地面坡度为 0.5%。城市在污水厂的西南方，地质条件良好，地下水位低于 6 m。

来水方位及来水管性质：正南方，管内底标高 27.00 m，管径 D = 1 000 mm，充满度 h/D = 6.5。

气象条件：污水厂所在地，地处内陆中纬度地带，属大陆性季风气候。年平均气温为 18 °C；夏季主导风为西风；历年平均降水量为 820 mm。

学生可选择以下两类出水接纳水体进行设计：（1）一般回用水要求进行设计；（2）出水排入地表水Ⅱ类功能水域。具体设计要求见本章第三节。

课程设计任务二　自来水污染控制工程课程设计

设计任务基本资料：

（1）净产水量：30 000 m^3/d。

（2）水源流量、流速。

① 历年流量：最大流量为 200 ~ 350 m^3/s；最小流量为 30 ~ 50 m^3/s。

② 历年流速：最大流速为 1.2 m/s；最小流速为 0.8 m/s。

③ 水位标高：最高水位为 1 000 m；常水位为 950 m；最低水位为 920 m。

（3）水源水质资料（见表 5-1）。

表 5-1　水源水质资料

指标	水质值
色	无明显的其他异色
嗅和味	无明显的异臭、异味
pH	6.5 ~ 8.5
总硬度（以碳酸钙计）/（mg/L）	450
溶解铁/（mg/L）	0.5
锰/（mg/L）	0.1
铜/（mg/L）	1.0
锌/（mg/L）	1.0
挥发酚（以苯酚计）/（mg/L）	0.004
阴离子合成洗涤剂/（mg/L）	0.3
硫酸盐/（mg/L）	250
氯化物/（mg/L）	250
溶解性总固体/（mg/L）	1 000
氟化物/（mg/L）	1.0
氰化物/（mg/L）	0.05
砷/（mg/L）	0.05
硒/（mg/L）	0.01
汞/（mg/L）	0.001
镉/（mg/L）	0.01
铬（六价）/（mg/L）	0.05

续表

指标	水质值
铅/（mg/L）	0.07
银/（mg/L）	0.05
铍/（mg/L）	0.000 2
氨氮（以氮计）/（mg/L）	1.0
硝酸盐（以氮计）/（mg/L）	20
耗氧量（$KMnO_4$法）/（mg/L）	6
苯并（α）芘/（μg/L）	0.01
滴滴涕/（μg/L）	1
六六六/（μg/L）	5
百菌清/（mg/L）	0.01
总大肠菌群/（个/L）	10000
总 α 放射性/（Bq/L）	0.1
总 β 放射性/（Bq/L）	1

（4）工程地质及水文地质。

城镇土壤种类为沙质土，地基承载力特征值 $f_a = 700$ kPa。

地下水位深度：3.0 ~ 6.0 m。

年最大降水量：300 ~ 500 mm。

年平均降水量：443.5 mm。

城市最高温度：25 °C；最低温度：−7 °C。

（5）建筑材料供应不受限。

（6）净化水质要求。

达到国家《生活饮用水卫生标准》（GB 5749—2022）要求。具体设计要求见本章第三节。

课程设计任务三　工业废水污染控制工程课程设计

1. 设计任务基本资料 1

某啤酒厂生产废水处理项目。

该厂主要生产啤酒，废水来源有麦芽浸泡水、过滤洗涤水、糖化废水、洗瓶水、破瓶啤酒等以及车间洗涤水。

水量：4 000 m^3/d。

进水水质：COD：2 500 mg/L；BOD_{Cr}：800 mg/L；SS：1 500 mg/L；pH：6 ~ 9。

学生可选择以下两类出水接纳水体进行设计：（1）出水能够达到排入城市污水管网

要求；（2）出水排入地表水Ⅲ类功能水域。具体设计要求见本章第三节。

2. 设计任务基本资料 2

某造纸厂废水处理工程项目。

水量：10 000 m^3/d。

进水水质：COD：1 500 mg/L；BOD_{Cr}：300 mg/L；SS：2 000 mg/L；pH：7～8。

学生可选择以下两类出水接纳水体进行设计：（1）出水能够达到排入城市污水管网要求；（2）出水排入地表水Ⅲ类功能水域。具体设计要求见本章第三节。

3. 设计任务基本资料 3

某食品废水处理工程项目。

水量：8 000 m^3/d。

进水水质：COD：2 500 mg/L；BOD_{Cr}：600 mg/L；SS：1 800 mg/L；pH：7～8。

学生可选择以下两类出水接纳水体进行设计：（1）出水能够达到排入城市污水管网要求；（2）出水排入地表水Ⅲ类功能水域。具体设计要求见本章第三节。

附　录

附录 A　水污染控制实验报告（样例）

水污染控制工程
实验报告

实验名称：________________________________

学　　院：________________________________

年级专业：________________________________

学生姓名：________________________________

学　　号：________________________________

小组组长：________________________________

指导教师：________________________________

完成时间：__________年__________月________日

一、实验目的

二、实验原理

三、实验设备与试剂

四、实验方法与操作步骤

五、实验记录与分析

六、注意事项

七、思考

附录B　水污染控制实训报告（样例）

水污染控制工程
实训报告

实训名称：______________________________

学　　院：______________________________

年级专业：______________________________

学生姓名：______________________________

学　　号：______________________________

小组组长：______________________________

指导教师：______________________________

完成时间：________年________月________日

一、实训时间、地点、指导教师

二、实训目的

三、实训内容

四、实训成果

五、实训心得体会

附录C　水污染控制课程设计说明书（样例）

水污染控制工程
课程设计说明

课程设计名称：______________________________

学　　　院：______________________________

年 级 专 业：______________________________

学 生 姓 名：______________________________

学　　　号：______________________________

小 组 组 长：______________________________

指 导 教 师：______________________________

完 成 时 间：__________年________月________日

1. 设计题目

2. 设计任务

（1）确定污水处理厂的工艺流程，对处理构筑物选型做说明。

（2）对主要处理设施（格栅、沉砂池、曝气池、沉淀池、污泥浓缩池）进行工艺计算（附必要的计算草图）。

（3）按初步设计标准，画出污水处理厂平面布置图，内容包括：表示出处理厂的范围，全部处理构筑物及辅助建筑物、主要管线的布置、主干道。

（4）按初步设计标准，画出污水处理厂工艺流程高程布置图，表示出原污水、各处理构筑物的高程关系、水位高度以及处理出水的出厂方式。

（5）编写设计计算说明书。

3. 设计内容

（1）设计规模。

（2）进水水质。

（3）污水处理要求。

4. 基本资料

（1）气象资料。

（2）污水排放接纳河流资料。

（3）厂址及场地现状。

5. 设计原则

6. 设计计算书（另附详细计算表格电子版）

（1）确定工艺流程。

① 污水处理工艺流程。

② 污泥处理工艺流程。

③ 设计的基本流程图。

（2）污水处理构筑物设计。

① 设计流量的确定。

② 泵前粗格栅设计计算。

③ 污水提升泵房。

④ 沉砂池设计计算。

⑤ 初沉池设计计算。

⑥ 曝气池（或其他生物处理单元）设计计算。

⑦ 二沉池设计。

⑧ 接触消毒池与加氯间。

⑨ 污泥处理构筑物设计。

⑩ 污水处理厂总体布置。

（3）污水处理构筑物设计一览表（见表 5-2）。

表 5-2 污水处理构筑物设计一览表

构筑物名称	平面尺寸	数量	备注

7. 设计图纸（污水厂平面布置图、工艺流程图、高程布置图、主要单体构筑物的工艺构造图各 1 张）

要求布局合理、比例协调、线条粗细分明、字体工整，文字采用仿宋，严格按制图标准作图。用 CAD 制图。

8. 思考

9. 参考文献

附录D 污水处理工艺设计常用规范

一、水处理设计手册

1.《给水排水设计手册（第5册）——城镇排水》（第二版）

2.《给水排水设计手册（第6册）——工业排水》（第二版）

3.《三废处理工程技术手册（废水卷）》（北京水环境技术与设备研究中心等主编）

4.《环境工程手册——水污染防治卷》（张自杰主编）

二、通用水处理规范

1. 城镇给水排水技术规范（GB 50788—2012）

2. 室外排水设计规范（GB 50014—2006）（2014年版）

3. 建筑给水排水设计规范（GB 50015—2019）

4. 建筑中水设计规范（GB 50336—2002）

5. 城镇污水再生利用工程设计规范（GB 50335—2016）

6. 城市污水处理厂运行、维护及其安全技术规程（CJJ 60—2011）

7. 污水处理设备安全技术规范（GB/T 28742—2012）

8. 城镇污水处理厂污泥处理处置技术指南（试行）

9. 水污染治理工程技术导则（HJ 2015—2012）

三、农村水处理规范

1. 四川省乡镇生活污水处理厂建设和运行管理技术指南（四川省住房和城乡建设厅、四川省环境保护厅，2015.7）

2. 东南地区农村生活污水处理技术指南（试行）（住建部 2010.9）

3. 东北地区农村生活污水处理技术指南（试行）（住建部 2010.9）

4. 西北地区农村生活污水处理技术指南（试行）（住建部 2010.9）

5. 西南地区农村生活污水处理技术指南（试行）（住建部 2010.9）

6. 中南地区农村生活污水处理技术指南（试行）（住建部 2010.9）

7. 村庄污水处理设施技术规程 CJJ / T163—2011

四、民用水处理规范

1. 医院污水处理设计规范（CECS 07：2004）

2. 医院污水处理工程技术规范（HJ 2029—2013）

3. 医院污水处理技术指南（环发〔2003〕197号）

4. 游泳池给水排水工程技术规程（CJJ 122—2008）

5. 生活垃圾渗滤液处理技术规范（CJJ 150—2010）

6. 生活垃圾填埋场渗滤液处理工程技术规范（试行）（HJ 564—2010）

五、工业水处理规范

1. 工业循环冷却水处理设计规范（GB 50050—2017）

2. 工业用水软化除盐设计规范（GB/T 50109—2014）
3. 化学工业污水处理与回用设计规范（GB 50684—2011）
4. 煤炭工业环境保护设计规范（GB 50821—2012）
5. 钢铁工业资源综合利用设计规范（GB 50405—2017）
6. 钢铁工业环境保护设计规范（GB 50406—2017）
7. 钢铁工业废水治理及回用工程技术规范（HJ 2019—2012）
8. 纺织染整工业废水治理工程技术规范（HJ 471—2020）
9. 制糖废水治理工程技术规范（HJ 2018—2012）
10. 制浆造纸废水治理工程技术规范（HJ 2011—2012）
11. 酿造工业废水治理工程技术规范（HJ 575—2010）
12. 电镀废水治理工程技术规范（HJ 2002—2010）
13. 制革及毛皮加工废水治理工程技术规范（HJ 2003—2010）
14. 屠宰与肉类加工废水治理工程技术规范（HJ 2004—2010）
15. 废矿物油回收利用污染控制技术规范（HJ 607—2011）
16. 焦化废水治理工程技术规范（HJ 2022—2012）
17. 含油污水处理工程技术规范（HJ 580—2010）
18. 味精工业废水治理工程技术规范（HJ 2030—2013）
19. 采油废水治理工程技术规范（HJ 2041—2014）
20. 屠宰与肉类加工废水治理工程技术规范（HJ 2004—2010）

六、工艺水处理规范

1. 人工湿地污水处理工程技术规范（HJ 2005—2010）
2. 污水混凝与絮凝处理工程技术规范（HJ 2006—2010）
3. 膜分离法污水处理工程技术规范（HJ 579—2010）
4. 污水气浮处理工程技术规范（HJ 2007—2010）
5. 污水过滤处理工程技术规范（HJ 2008—2010）
6. 生物接触氧化法污水处理工程技术规范（HJ 2009—2011）
7. 膜生物法污水处理工程技术规范（HJ 2010—2011）
8. 氧化沟活性污泥法污水处理工程技术规范（HJ 578—2010）
9. 序批式活性污泥法污水处理工程技术规范（HJ 577—2010）
10. 厌氧-缺氧-好氧活性污泥法污水处理工程技术规范（HJ 576—2010）
11. 完全混合式厌氧反应池废水处理工程技术规范（HJ 2024—2012）
12. 厌氧颗粒污泥膨胀床反应器废水处理工程技术规范（HJ 2023—2012）
13. 内循环好氧生物流化床污水处理工程技术规范（HJ 2021—2012）
14. 生物滤池法污水处理工程技术规范（HJ 2014 - 2012）
15. 升流式厌氧污泥床反应器污水处理工程技术规范（HJ 2013—2012）

七、水处理结构规范

1. 给水排水工程构筑物结构设计规范（GB 50069—2002）
2. 给水排水工程管道结构设计规范（GB 50332—2002）

八、水质标准

1. 地表水环境质量标准（GB 3838—2002）
2. 地下水质量标准（GB/T 14848—2017）
3. 饮用水水质标准（AS 417—2013）
4. 海水水质标准（GB 3097—1997）
5. 农田灌溉水质标准（GB 5084—2021）
6. 城市污水再生利用分类（GB/T 18919—2002）
7. 城市污水再生利用 城市杂用水水质（GB/T 18920—2020）
8. 城市污水再生利用 景观环境用水水质（GB/T 18921—2019）
9. 城市污水再生利用 工业用水水质（GB/T 19923—2005）
10. 城市污水再生利用 农田灌溉用水水质（GB 20922—2007）

九、排放标准

1. 污水综合排放标准（GB 8978—1996）
2. 污水排入城镇下水道水质标准（GB/T 31962—2015）
3. 城镇污水处理厂污染物排放标准（GB 18918—2002）
4. 汽车维修业水污染物排放标准（GB 26877—2011）
5. 医疗机构水污染物排放标准（GB 18466—2005）
6. 制革及毛皮加工工业水污染物排放标准（GB 30486—2013）
7. 制浆造纸工业水污染物排放标准（GB 3544—2008）
8. 畜禽养殖业水污染物排放标准（GB 18596—2001）
9. 电镀污染物排放标准（GB 21900—2008）
10. 合成革与人造革工业污染物排放标准（GB 21902—2008）
11. 铝工业污染物排放标准（GB 25465—2010）
12. 陶瓷工业污染物排放标准（GB 25464—2010）
13. 铅、锌工业污染物排放标准（GB 25466—2010）
14. 镁、钛工业污染物排放标准（GB 25468—2010）
15. 铜、镍、钴工业污染物排放标准（GB 25467—2010）
16. 杂环类农药工业水污染物排放标准（GB 21523—2008）
17. 制糖工业水污染物排放标准（GB 21909—2008）
18. 发酵类制药工业水污染物排放标准（GB 21903—2008）
19. 化学合成类制药工业水污染物排放标准（GB 21904—2008）
20. 提取类制药工业水污染物排放标准（GB 21905—2008）
21. 羽绒工业水污染物排放标准（GB 21901—2008）
22. 中药类制药工业水污染物排放标准（GB 21906—2008）

23. 混装制剂类制药工业水污染物排放标准（GB 21908—2008）
24. 生物工程类制药工业水污染物排放标准（GB 21907—2008）
25. 淀粉工业水污染物排放标准（GB 25461—2010）
26. 酵母工业水污染物排放标准（GB 25462—2010）
27. 油墨工业水污染物排放标准（GB 25463—2010）
28. 纺织染整工业水污染物排放标准（GB 4287—2012）
29. 炼焦化学工业污染物排放标准（GB 16171—2012）
30. 缫丝工业水污染物排放标准（GB 28936—2012）
31. 毛纺工业水污染物排放标准（GB 28937—2012）
32. 麻纺工业水污染物排放标准（GB 28938—2012）
33. 铁矿采选工业污染物排放标准（GB 28661—2012）
34. 铁合金工业污染物排放标准（GB 28666—2012）
35. 钢铁工业水污染物排放标准（GB 13456—2012）
36. 弹药装药行业水污染物排放标准（GB 14470.3—2011）
37. 发酵酒精和白酒工业水污染物排放标准（GB 27631—2011）
38. 橡胶制品工业污染物排放标准（GB 27632—2011）
39. 稀土工业污染物排放标准（GB 26451—2011）
40. 磷肥工业水污染物排放标准（GB 15580—2011）
41. 钒工业污染物排放标准（GB 26452—2011）
42. 硝酸工业污染物排放标准（GB 26131—2010）
43. 硫酸工业污染物排放标准（GB 26132—2010）
44. 皂素工业水污染物排放标准（GB 20425—2006）
45. 煤炭工业污染物排放标准（GB 20426—2006）
46. 啤酒工业污染物排放标准（GB 19821—2005）
47. 柠檬酸工业水污染物排放标准（GB 19430—2013）
48. 味精工业污染物排放标准（GB 19431—2004）
49. 兵器工业水污染物排放标准火工药剂（GB 14470.2—2002）
50. 兵器工业水污染物排放标准火炸药（GB 14470.1—2002）
51. 合成氨工业水污染物排放标准（GB 13458—2013）
52. 烧碱、聚氯乙烯工业污染物排放标准（GB 15581—2016）
53. 航天推进剂水污染物排放与分析方法标准（GB 14374—93）
54. 肉类加工工业水污染物排放标准（GB 13457—92）
55. 城镇污水处理厂污泥处置土地改良用泥质（GB/T 24600—2009）
56. 城镇污水处理厂污泥处置园林绿化用泥质（GB/T 23486—2009）
57. 城镇污水处理厂污泥处置单独焚烧用泥质（CJ/T 290—2008）

十、环保技术政策

1. 制药工业污染防治技术政策（环境保护部公告 2012 年第 18 号）

2. 铅锌冶炼工业污染防治技术政策（环境保护部公告 2012 年第 18 号）
3. 电解锰行业污染防治技术政策（环发〔2010〕150 号）
4. 畜禽养殖业污染防治技术政策（环发〔2010〕151 号）
5. 废弃家用电器与电子产品污染防治技术政策（环发〔2006〕115 号）
6. 矿山生态环境保护与污染防治技术政策（环发〔2005〕109 号）
7. 废电池污染防治技术政策（环发〔2003〕163 号）
8. 柴油车排放污染防治技术政策（环发〔2003〕10 号）
9. 机动车污染防治技术政策（环境保护部〔2017〕69）

注：更多标准及规范可通过中华人民共和国生态环境部、住房与城乡建设部、卫健委等官方网站查询。

参考文献

[1] 张莉，杨嘉谟. 环境工程专业课程设计指导教程与案例精选[M]. 北京：化学工业出版社，2012.
[2] 成官文. 水污染控制工程实验教学指导书[M]. 北京：化学工业出版社，2013.
[3] 高廷耀，顾国维，周琪. 水污染控制工程（上册）[M]. 4 版. 北京：高等教育出版社，2015.
[4] 高廷耀，顾国维，周琪. 水污染控制工程（下册）[M]. 4 版. 北京：高等教育出版社，2015.
[5] 邱贤华，杨莉. 环境工程设计基础[M]. 北京：机械工业出版社，2015.
[6] 王博涛. 水污染控制工程设计指导手册[M]. 北京：科学出版社，2017.
[7] 彭党聪. 水污染控制工程实践教程[M]. 北京：化学工业出版社，2011.
[8] 李秀芬. 水污染控制工程实践[M]. 北京：中国轻工业出版社，2012.